101 Dinge, die ein Modell-Eisenbahner wissen muss

Roco-H0-Messe-
anlage nach Motiven
des Altmühltals

Martin Menke · Peter Wieland

101 Dinge die ein Modell-Eisenbahner wissen muss

Inhalt

Vorwort

Es gibt ein altes Sprichwort: „Was Hänschen nicht lernt, lernt Hans nimmermehr.“ Nun, das mag vielleicht während der Ausbildung in schulischer Hinsicht seine Berechtigung haben – im Hobby Modellbahn aber gilt das keineswegs. Im Gegenteil: Wer sich für die Freizeitbeschäftigung rund um die kleinen Bahnen entschieden hat, schlägt einen langen und fortwährenden Lernprozess ein. Zu tun hat das damit, dass die Zuwendung zu Modellen – zu der bekanntlich auch die Sparten Auto-, Flug- und Schiffsmodellbau gehören – viele Facetten umfasst: Da wären zum einen Gleise und Weichen als Fahrweg, zum anderen die Fahrzeuge an sich in den Kategorien Lokomotiven, Triebwagen/Triebzüge, Reisezug- und Güterwagen sowie die darauf abgestimmte elektrotechnische Steuerung, um das rollende Material überhaupt in Betrieb nehmen zu können. Damit nicht schon genug, hat gerade das Modellbahnhobby die Eigenart entwickelt, auch die umgebende Landschaft links und rechts der Gleistrassen darstellen zu müssen mit all der Idylle vom Landbahnhof bis zur alpinen Bergkulisse.

Hinter all den Vorhaben und geplanten Projekten steht die Notwendigkeit des „Gewusst wie“. Und exakt hier setzt unser Buch an. Es möchte genau auf die eben erwähnte Vielfalt des Modellbahn-Hobbys hinweisen und beleuchtet die vielen Schichten dieses Steckenpferdes, ohne fachlich zu sehr in die Tiefe zu gehen, ohne den Leser mit praktischen Werkstatttipps zu überfrachten. Deshalb haben wir dem Buch ein wenig Gliederung gegönnt in die Rubriken Anlagen, Betrieb, Elektrik, Fahrzeuge, Fahrweg, Geschichte, Technik, Umfeld und Zubehör. Das war uns wichtig, um dem Leser einen roten Faden zu bieten, an dem er sich bei der Lektüre entlanghangeln kann, wobei sich natürlich mehrere Kapitel überschneiden und ergänzen, was wir mit Querverweisen kenntlich gemacht haben. Die Vielfalt an Wissen erforderte allerdings auch, bei Fachleuten anzuklopfen. So unterstützten uns bekannte Modellbahnautoren wie Armin Mühl, Michael U. Kratzsch-Leichsenring, Manfred Scheihing und Holger Späing mit so mancher Information und thematisch passenden Bildern, was dem Leser natürlich zugute kommt. Dafür unser Dank – und all jenen, die nun weiterblättern, einige lehrreiche und unterhaltsame Lesestunden!

Martin Menke und Peter Wieland

Anlagen-Grundrisse

1

Ganz gut in Form

Kommt man als Modellbahner mit Menschen ins Gespräch, die nicht diesem Hobby zugeneigt sind, und offenbart seine Neigung zu kleinen Bahnen, schleicht sich beim Gegenüber gleich ein Bild in sein Hirn von einem dusteren Kellerraum mit einer schlichten Anlagenplatte in der Ecke. Oh ja, dieses Klischee von der schnöden Rechteck-Anlage hat sich in den Köpfen der Menschheit festgesetzt. Doch nicht zu unrecht, denn sie dürfte wohl noch immer das Gros aller je gebauten Modellbahnanlagen ausmachen, obwohl betrieblich darauf meist nicht mehr als ein simpler Schienenverkehr im Kreis oder Oval möglich ist, was keineswegs die Variationsvielfalt der sinnvollen Beschäftigung mit Miniaturbahnen ausschöpft.

Jedenfalls geht es in puncto Anlagenformen weitaus vielfältiger, wie unsere Skizzen auf diesen Seiten belegen: Man kann in einem Zimmer rundherum an der Wand entlang bauen und die Anlage von der freien Zimmermitte aus bedienen, wobei der Bereich oder die Teile an Fenstern und Türen klapp- oder abnehmbar ausgeführt werden sollten. Es gibt die Winkelform (oft auch L-Anlage genannt), die in einer der Zimmerecken aufgebaut wird, oder die U-Form, die an drei Zimmerwänden entlangführt und den Bereich zur Tür ausspart. Und wir kennen die einen Raum ebenfalls optimal ausnutzende Zungenform (siehe Kasten), die im Prinzip eine U-Anlage darstellt, aus der aber weitere Zungen mittig in den Raum hineinragen. Mit Sonderformen wie Segment- und Modulanlagen beschäftigt sich ein weiteres Kapitel in diesem Buch.

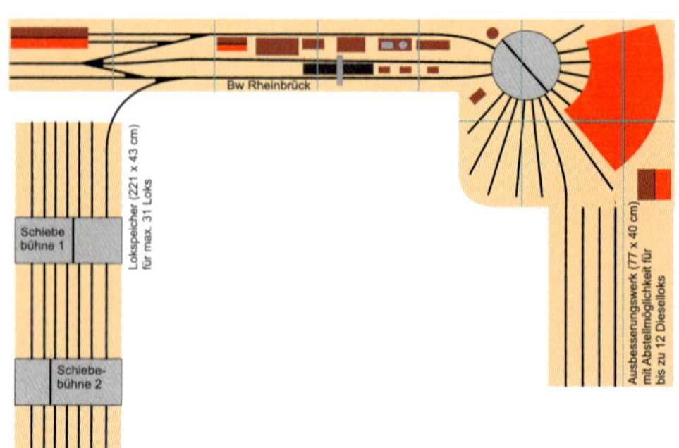

Einen rechteckigen Hobbyraum gut ausfüllende Anlage in U-Form mit einem Bahnbetriebswerk und zwei Abstellbereichen

Idealanlage für Vereinslokale

Die Zungenform stellt bei genügend großer Raumfläche das Idealkonzept für eine Anlage dar – besonders dann, wenn man sich beim Gleisplan an einem konkreten Vorbild orientiert und den Streckenverlauf ausdehnen und die Bahnhöfe optisch räumlich weiter voneinander trennen möchte. Für eine H0-Anlage dieser Form wären aber 20 Quadratmeter eine dringliche Voraussetzung. Bei Nenngröße N würde schon die übliche Kinderzimmergröße von zwölf Quadratmetern genügen. Weitere Vorteile dieser Anlagenform sind die gute Zugänglichkeit aufgrund der baulich meist schmal gehaltenen Zungen, vielfältige Betrachtungswinkel (vor allem dann, wenn verschiedene Höhenniveaus von Gleistrassen und Landschaft verwirklicht werden) sowie genügend Zuschauerraum zwischen den einzelnen in den Raum hineinragenden Anlagenteilen.

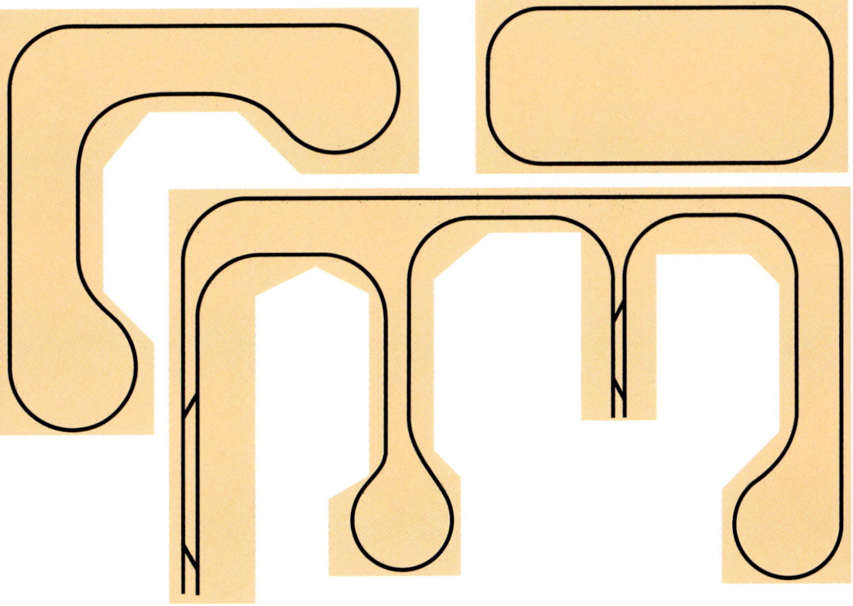

Skizziert haben wir einige mögliche Anlagenformen als Rechteck und als „L" in gewöhnlicher Zimmergröße sowie als Anlage in Zungenform für größere Vereinsräume.

2 Anlagen-Unterbaukonstruktionen

Platte oder Rahmen?

Platz ist in der kleinsten Hütte – dieser lapidare Ausspruch aus dem Bereich der Wohnungsplanung und -einrichtung sollte bei den Überlegungen für oder gegen eine Modellbahnanlage die entscheidende Rolle spielen. Denn grundsätzlich passt in jede Wohnung auch ein gestaltetes Schaustück – und wenn es nur etwas Kleines zum Rangieren ist. In dem Fall genügt natürlich der Aufbau als sogenannte Grundplatte, wie sie seit Einführung der „Tischbahn" in Nenngröße 00 und später H0 im Jahre 1935 in den meisten Haushalten üblich war und wohl noch heute überwiegt. Dem Rechteck ist einem Quadrat der Vorzug zu geben, weil sich so ein Gleisoval mit Ausweich- und/oder Abstellgleisen aufbauen lässt, denn niemand möchte mit seiner Bahn nur im Kreis fahren. Als Material hat sich die stabile Tischlerplatte aus dem Baumarkt bewährt, aber auch dickes Sperrholz kommt infrage. Für Nenngrößen unterhalb H0 ließe sich sogar eine ausgediente Zimmertür verwenden.

Doch schon bei einer Anlagenfläche von zwei Quadratmetern wird es mit einer Platte eher schwierig. Erstens ist sie aufgrund ihrer Sperrigkeit problematisch beim Transport durch die Wohnung oder beim Umzug, wenn ein Ortswechsel ansteht, zweitens kann sie bei großer Fläche recht schwer werden, und drittens neigt sie bei zu dünn gewähltem Plattenmaterial zum Durchhängen, wenn sie darunter nur punktuell abgestützt wird statt plan auf einem Tisch aufzuliegen. Denn bekanntlich verzieht sich Holz recht schnell. Einen Ausweg aus diesem Dilemma wäre ein verschraubter stabilisierender Rahmen unter der Platte, was aber auch nur eine Notlösung darstellt. Aus diesen Gründen haben praktisch orientierte Modellbahner schon frühzeitig nach anderen Lösungen gesucht und recht schnell in der Rahmenbauweise auch gefunden.

Zügig aufbaubar, stabil und leicht – das sind die drei Vorteile der offenen Rahmenbauweise. Offen deswegen, weil der Rahmen anschließend nicht komplett mit Deckplatten belegt und verschraubt wird, sondern nur die Trassenbrettchen für die Gleise und die Plateaus für Bahnhöfe, Stadtbebauungen oder ein Bahnbetriebswerk meist in unterschiedlichen Höhen aufgeständert werden. Die „luftigen" Stellen werden später mit diversen Landschaftsbautechniken verfüllt. Diese Rahmengrundkonstruktion steht auf soliden Beinen aus Kanthölzern, denen möglichst verstellbare Füße untergeschraubt werden, um Niveauunterschiede im Fußboden ausgleichen zu können. Zur Stabilisierung der Rahmen sind eingeleimte Querspanten wichtig, die auch ein Verziehen bzw. Verwinden der Rahmen verhindern.

Die offene Rahmenbauweise ist für den Anlagenrohbau zu bevorzugen, denn sie spart Holz und ist leicht.

Wichtig ist es, die Rahmenteilung klein zu halten, damit alles stabil bleibt und die Trassen sicher darauf liegen.

Anlagen-Alternative

Eine Form des Anlagenbaus wollen wir nicht unter den Teppich kehren – eben die Teppichbahn! Sie bildet meist den Anfang der Beschäftigung mit dem Hobby der kleinen Züge und wird meist angewendet, wenn das Gleismaterial der ersten Startpackung ausgelegt und zusammengesteckt wird. Klarer Nachteil: Die Teppichbahn ist nicht trittfest, Gleise und Weichen verschmutzen schnell, und gegen den dauerhaften Aufbau auf dem Fußboden wird die Reinigungskraft in der Familie etwas einzuwenden haben. Also doch lieber Platte!

3 Möglichkeiten der Anlagen-Aufbewahrung

Versteckt oder offen lagern

Wer einen Hobbyraum zuhause zur Verfügung hat, ist bei dieser Thematik fein raus, denn er braucht sich keine Gedanken zu machen, wie er seine Anlage lagert. Jedermann mit Platz im eigenen Heim wird sowieso das, was er an Schaustücken gebaut hat, gern auch großzügig präsentieren – sei es auf dem Dachboden oder im (hoffentlich) trockenen Kellerraum. Doch für alle platzgeplagten Modellbahner sieht die Sache schon anders aus. Sie müssen grübeln über Möglichkeiten, die Anlage zum einen teilbar, also zum Demontieren und wieder Zusammenbauen, und zum anderen transportabel und verstaubar auszuführen.

Die einfachste Möglichkeit ist es, sich für den Modulbau nach festen Normen für die Übergangsprofile der Anlagenteile zu entscheiden. Die individuellere Variante davon ist die Segmentbauweise mit eigens kreierten Kasten-Übergängen, aber weniger Variationsspielraum beim Zusammenstellen der Teile. In beiden Fällen ist die Gesamtanlage in mehrere handliche Stücke zerlegbar. Solche Kästen kann man gut in Regale stapeln oder mittels Kopfbretter zu größeren „Türmen" verschrauben und in Zimmerecken abstellen. Erfahrene Modulbahner bevorzugen sogar spezielle Aufbewahrungs- und Transportgestelle, die man zwischen zwei Modul-Treffen auch in einer Lagerhalle oder einem mit Plane gedeckten Pkw-Anhänger zwischenlagern kann.

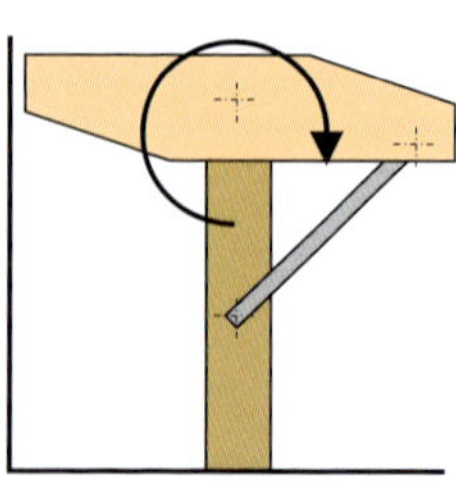

Über einen Drehpunkt lässt sich diese Anlage um 90 Grad drehen und platzsparend an die Wand schieben.

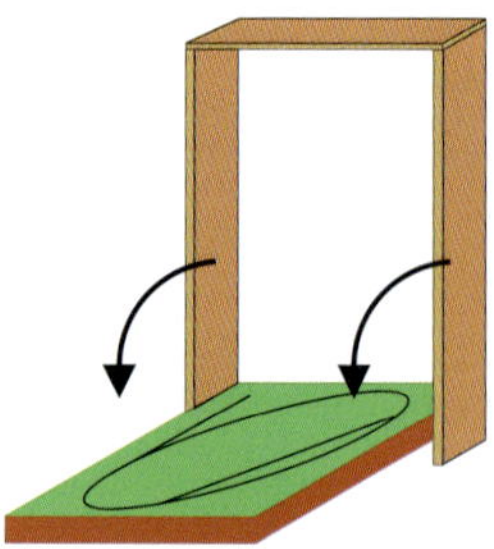

Bei Betriebspausen wird dieses Anlagenbrett um 90 Grad hochgeklappt und in einem Schrank gelagert.

Doch was ist mit jenen Modellbahnern, die sich für die Plattenanlage oder eine Anlage in offener Rahmenbauweise entschieden haben, die jedoch nicht immer offen im Zimmer stehen und betrieben werden kann? Hierfür müssen spezielle Verstaumechanismen ersonnen werden, um bei Betriebsruhe alles staubgeschützt und platzsparend lagern zu können. Die einfachste Form dabei ist der Klappmechanismus, indem man die Anlage über ihre Längs- oder Breitseite nach oben an die Wand klappt. Man kann die Anlage aber auch über eine ausgeklügelte Rollen- und Seilmechanik nach oben an die Decke ziehen und dort sicher arretieren. Leichte und in den Maßen nicht ausufernde Anlagen(-teile) kleiner Nenngrößen lassen sich sogar wie Kleider in einen Schrank nebeneinanderhängen oder in dieser Form in einer mit Vorhang getarnten Nische verstauen. Und schließlich bieten auch ausziehbare Bettkästen einen guten Unterschlupf für Heimanlagen geringen Ausmaßes.

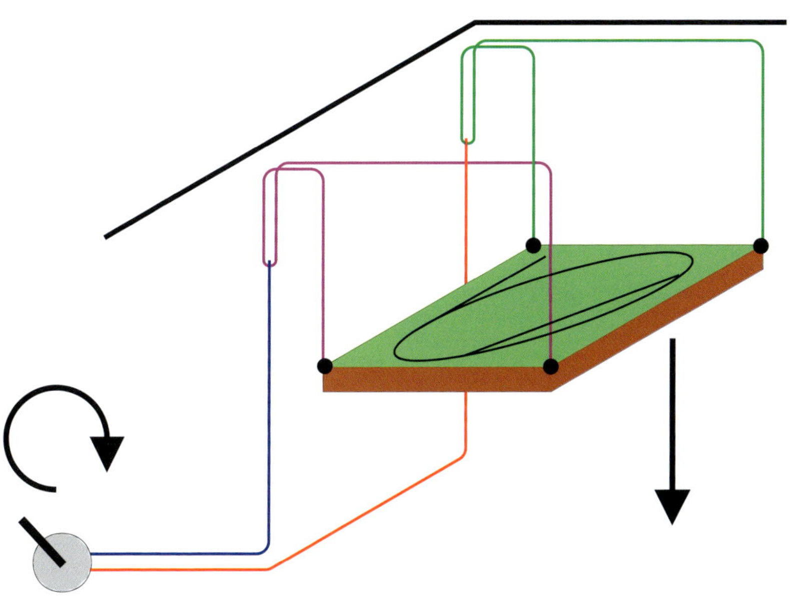

Mittels einer Handkurbel, mehrerer Drahtseile und Umlenkrollen wird diese Anlage hochgezogen und staubgeschützt unter der Zimmerdecke aufbewahrt.

Endbahnhöfe auf der Anlage

Alles nur Kopfsache

4

Ob Endbahnhof, Kopfbahnhof oder gar Sackbahnhof genannt – diese drei Begriffe meinen ein und dasselbe: eine Eisenbahnstation, an der es an einem Ende nicht mehr weitergeht. Den meisten Bahnreisenden werden dabei unwillkürlich die Hauptbahnhöfe von Frankfurt am Main, Leipzig oder Stuttgart einfallen. Doch auch vielerlei Nebenbahntrassen sind sogenannte Stichbahnen, die irgendwo an einem Trennungsbahnhof von einer Hauptbahn abgezweigt sind und nach wenigen Kilometern und dem Passieren einiger Zwischenstationen weit draußen im Ländlichen enden. Eines muss ein Endbahnhof typischerweise aufweisen: einen oder mehrere Prellböcke. Denn schon das gute alte transpress-Eisenbahn-Lexikon aus den 1970er-Jahren verkündete die Definition: „Der Kopfbahnhof ist eine Bahnhofsart, wo Hauptgleise stumpf mit Prellbockabschluss enden. Das Empfangsgebäude liegt in der Regel vor den Gleisen in Querlage. Der Kopfbahnhof ist betrieblich nachteilig und hat meist eine historisch bedingte Lage mit dem Ziel des Heranführens der Bahnanlagen bis in den Stadtkern." Nun, diese Nachteiligkeit erleben wir ja gerade bei der Großbaustelle „Stuttgart 21", wo mit gehörigem Aufwand der Endbahnhof beseitigt und ein neuer, unterirdischer Durchgangsbahnhof angelegt wird, was den künftigen Zugbetrieb flüssiger machen soll. Vorteil am Rande: Die freie Fläche oben steht der städtebaulichen Neugestaltung zur Verfügung und wird das Zentrum attraktiver machen.

Platzsparende Lösungen bei Nebenbahnen

Für große Bahnhöfe wie oben erwähnt mag diese Deutung stimmen. Doch bei Nebenbahnen, die ja vornehmlich Objekt der Nachbaubegierde von Modellbahnern sind, sieht die Gestalt eines Endbahnhofs weitaus schlichter aus: Bei geringer Bedeutung der Strecke und nur wenig Zugverkehr wird es ein Hausbahnsteigleis und ein Umsetzgleis für den eingefahrenen Zug bzw. dessen Lok geben – an den Enden jeweils mit Weichen ausgestattet. Vielleicht finden sich auch noch zusätzliche Weichen zu Ladegleisen oder zu Anschlüssen einer Fabrik bzw. landwirtschaftlichen Lagerhalle? Größere Endbahnhöfe an Nebenbahnen weisen eventuell noch eine Lokeinsatzstelle auf, in der Lok und Personal des abendlich letzten Zuges die Nacht verbringen können, ehe es für den Morgenzug wieder zum Dienst geht.

Dieser H0-Endbahnhof mit dem Namen Birkenstock ist der einst in Sachsen angesiedelten DR-Station Eibenstock oberer Bahnhof nachempfunden. Am Bahnsteig wartet schon der Zug hinunter ins Tal, doch müssen die Reisenden erst zusteigen, ehe die Fahrt beginnt.

Entscheidung zwischen Weichen und Drehweiche

Problematisch beim Nachbauen – egal in welcher Nenngröße – ist die ausgedehnte Lage eines Endbahnhofs, denn zum Ende hin müssen alle Bahnhofsgleise über Weichen gebündelt werden, um in ein Stumpfgleis zu münden, das zumindest so lang sein sollte wie die längste eingesetzte Lokomotive plus eines Gepäck- bzw. Güterzugbegleitwagens. Wer jetzt stöhnt und anmerkt, er habe dafür gar keinen Platz, sei auf die Möglichkeit hingewiesen, die Weichenstraße am Bahnhofsende und damit Länge einzusparen! Die Lösung hierfür: die sogenannte Drehweiche, landläufig auch als Segment- oder Sektordrehscheibe bezeichnet. Wie bei einer Drehscheibe in einem Bw enden hier drei oder vier Gleise am Scheibenrand. Je nach Stellung der Bühne kann die Lok eines der Gleise befahren. Nur gedreht werden kann das Triebfahrzeug hierauf nicht, da ja nur ein Kreissegment vorhanden ist, sodass nur ein Versetzen des Fahrzeugs ermöglicht wird.

Industrie als Anlagenthema

5

Kohle, Stahl und Handel

Als die Modellbahn die Herzen der großen und kleinen Kinder gewann, versuchte man die heile Welt in Miniatur nachzustellen. Oft wurden Urlaubserinnerungen umgesetzt und neben den Gleisen viel grüne Natur gestaltet. Zaghaft boten Faller, kibri, Vollmer und Co. erste Industriegebäude an, die aber nur kleinere Grundflächen aufwiesen. Wer größer bauen wollte, musste sich in der USA nach passenden Industriekomplexen im Modell umschauen. Diese haben aber den Nachteil, nicht unserem europäischen Baustil zu entsprechen, sodass zahlreiche Umbaumaßnahmen nötig sind. Einen Wandel gab es erst, als die Laser-cut-Technik es erlaubte, in kleinen Serien Bausätze in Großserienqualität zu produzieren – so auch vermehrt Industriebauten.

Gleisanschlüsse von Industriebetrieben – hier nachgestaltet mit kibri-Gebäudekomplexen – beleben den Modellbetrieb außerordentlich, denn hier gibt es allerhand zu rangieren.

Auf der H0-Schauanlage in Fürth im Odenwald kann man eine gigantische Nachbildung der Schwerindustrie aus dem Ruhrgebiet erleben, wozu auch die Bahnanbindung gehört.

Zubehör für die Schwerindustrie

Ab 2005 gab es jedes Jahr neue Zechenanlagen mit allen erforderlichen Nebengebäuden und Verladeanlagen, ganze Stahlwerke, Gasometer, Kühltürme, imposante Werkhallen, Krane, Schornsteine usw. Oft entstanden die Industriegebäude im Kundenauftrag und kamen auch einige Zeit später ins Katalogsortiment. Wer einen Betrieb der Montanindustrie als Anlagenthema wählt, findet nicht nur alle benötigten Bauwerke, sondern auch die entsprechenden Rangierloks, Güterwagen und das passende Zubehör im Handel. Der Rangierbetrieb ist äußerst abwechslungsreich, wenn man über eine Paradestrecke die passenden Güterzüge ab- bzw. zuführt. Im Werkbereich können die großen Hallen als Schattenbahnhof dienen, während die Überführungsbauwerke und Brücken eine optische Trennung zwischen den einzelnen Bereichen ermöglichen.

Kuriose Kleindioramen

6

Originelles auf kleinster Fläche

Es muss nicht immer die gewöhnliche Anlagenplatte sein oder eine aus Segmenten zusammengestellte Zimmeranlage. Modellbahn-Vergnügen können auch kleinste Schaustücke hervorrufen. Zwei Beispiele seien hier angeführt: Da ist zum einen der von Winfried Frosin gebaute kuriose Fernsehapparat. Ein ausrangiertes TV-Gerät hat ihn zum Bau einer kleinen Bahnlandschaft bewegt. Standen noch vor Jahren solche alten Geräte in Massen auf dem Sperrmüll, ist die Beschaffung solch eines Gehäuses heutzutage schon ein echtes Problem. Im Gehäuse des alten Fernsehers wurde ein Funktionsdiorama untergebracht. Nun läuft in diesem alten Schwarzweiß-Televisor Eisenbahn-Romantik in Farbe. Die Grundfläche ermöglichte den Einbau eines geschlossenen H0e-Gleiskreises und damit den Fahrbetrieb eines Zuges der Döllnitzbahn rund um die gestaltetet Fläche. Gebaut wurden ein kleiner Haltepunkt und ein bäuerliches Anwesen. Die vielen Details auf diesem kleinen Anlagenstück lassen das „TV-Programm“ nicht langweilig werden.

In einem ausgedienten TV-Gerät aus früherer Produktionszeit untergebrachtes H0e-Modellbahn-Diorama, auf dem ein Schmalspurzug seine Kreise dreht.

Wohl aus einer Bierlaune heraus entstand das zweite hier vorgestellte Diorama: Offensichtlich Schleichwerbung für eine deutsche Biermarke betreibt Franz Josef Iflinger mit seiner Bierkasten-Anlage in H0e. Doch das sei ihm verziehen, kombinierte er hier doch gleich zwei Männer-Hobbys der Deutschen: den Genuss von Gerstensaft und die Beschäftigung mit kleinen Bahnen. Unermüdlich dreht der Schmalspurzug seine Runden durch die felsige Landschaft. Obendrein gibt es auch unterirdisch einiges zu sehen: In einer Höhle wird ein urzeitliches Tierskelett freigelegt, auf der rechten Schmalseite schieben Bergleute unter Tage mit Kohle beladene Grubenhunte durch den Schacht, und auf der linken Seite sieht man zwei Grubenarbeiter mit Spitzhacke und Presslufthammer, die Kohle abbauen. Insofern ist nicht nur die „Dachfläche" des Bierkastens für den Modellbau genutzt worden, sondern auch das Kasteninnere.

Eine originelle Idee in Sachen H0e-Schmalspurbahn ist diese Bierkasten-Anlage mit einem Gebirgsmotiv und seitlich eingebauten Bergwerksszenen unter Tage.

7 Anlagen-Module und -Segmente

Zusammenpassendes Stückwerk

Der Trend in der Modellbahnwelt geht eindeutig in Richtung Konzentration auf ein Stück Abbild der Wirklichkeit en miniature – also weg von der gigantischen, eh nie fertig werdenden Heimanlage nach Fantasiemotiven, weg von der Geld verschlingenden Fahrzeugsammlung. Immer mehr Hobbyisten legen sich fest auf eine Epoche, auf eine Bahngesellschaft und auf eine Strecke des Vorbilds. Diese findet dann Platz auf wenigen Modulkästen, die zudem transportabel und meist kompatibel sind, sodass der Modellbahner aus seinem Schattendasein heraustreten kann, um sich mit Gleichgesinnten zu treffen und zu „spielen".

Flexibel zusammensteckbare Anlagenkästen

Wie oft haben Sie sich schon vorgenommen, den Triebfahrzeugmodellen in Ihrer Vitrine eine Fahrmöglichkeit auf einem Diorama oder einer Anlage zu schaffen? Fangen Sie dazu einfach klein an! Der Modulbau ist hierfür der ideale Einstieg. Dabei brauchen Sie nichts neu zu erfinden, denn seit Jahren bereits tüfteln Modellbahner an verschiedenen Modulnormen und -konzepten, die alle ein gemeinsames Ziel verfolgen: individuell bauen – gemeinsam „spielen". Im Klartext bedeutet das: Jeder kann je nach persönlichem Geschmack, Besitz von Zeit, Geduld und Geld sowie von vorhandenem Platz Anlagenbaugruppen – denn nichts anderes bedeutet das Wort Module – gestalten und sich damit im Kreise ähnlich orientierter Modellbahner treffen, um auf einem gemeinsam „komponierten" Modul-Arrangement die Signale auf „Hp 1" zu stellen. Wer genügend Module sein Eigen nennt, kann seine Anlage freilich auch zuhause aufbauen.

Wer jedoch nicht die Absicht hegt, mit seinen Anlagenkästen an Modul-Treffen teilzunehmen, jedoch Wert legt auf Teil- und Transportierbarkeit seiner Anlage, der kann sich dem Bau von Segmenten zuwenden. Auch das sind nichts anderes als Anlagenkästen, doch sind deren Schnittstellen, sprich Stirnbretter keiner Norm unterlegen, sondern können sowohl hinsichtlich ihrer Maße als auch ihres Profils völlig frei gewählt werden und von Kasten zu Kasten auch unterschiedlich sein. Nur hat das dann den Nachteil, dass die Kästen in immer derselben Reihenfolge zusammengefügt werden müssen, während Module in ihrer Zusammenstellung weitaus flexibler sind.

Der Bau von Modulen und Segmenten ermöglicht es, die Anlage Schritt für Schritt zu erweitern, sie zerlegen und transportieren zu können, beispielsweise um das Gebaute auf einer Ausstellung zu zeigen, wie es Autor Peter Wieland regelmäßig praktiziert.

Module aller Art

Es gibt weltweit in allen Nenngrößen zig Modulnormen zum Bau von Anlagenteilstücken, weswegen wir uns hier nur auf einige wesentliche beschränken: In den Normen europäischer Modellbahnen (NEM) gibt es einige Datenblätter ab 900ff., die dem Bau von Modulen gewidmet sind (www.morop.eu). Ebenfalls europaweit agiert der Freundeskreis europäischer Modellbahner (www.fremo-net.eu), doch ist hier die Palette an Nenngrößen und Bahnthemen weitaus größer. Zudem sind die Treffen übers Jahr zahlreich und auf verschiedene Länder Europas verteilt, was besonders reisefreudige Modellbahner ansprechen wird.

Daneben gibt es weitere kleinere Vereine und Organisationen, die sich auf diverse Spurweiten und/oder Bahngesellschaften spezialisiert haben, etwa die MOBAdule (www.moba-deutschland.de), die zweigleisigen H0-Nord-Module (www.arge-nord-modul.de), die aufs Märklin-H0-Gleis abgestimmten Revier-Module (www.reviermodule.de), die für H0 und 0 erhältlichen Wuppermodule (www.imt-frowein.de), die EMFS-Module speziell für H0e (www.emfs.de), auf TT spezialisierte Normen (www.aktt.de und www.fktt-module.de), aber auch Angebote für N (www.n-modulbahner.de) oder 1 (www.ig1.de).

8 Schauanlagen in Deutschland

Highlights zwischen Küste und Alpen

Die auf dem Bild dieser Seite zu sehende H0-Anlage ist Bestandteil der „Modellbahnwelt Odenwald“ in Fürth (www.modellbahnwelt-odenwald.de). Seit 2009 wirbt diese Anlagen-Sammlung um Aufmerksamkeit. Mit rund 2.300 Quadratmetern Ausstellungsfläche zählt diese Schau zu den größten im süddeutschen Raum. Bekannt wurde die Modellbahnwelt Odenwald mit der H0-Anlage „Von der Nordsee bis zu den Alpen“ und dem aus Oberhausen hierher überführten H0-Schaustück „Das Ruhrgebiet in den 1960er-Jahren“, von dem wir hier einen Ausschnitt abbilden. Aber auch die beiden Josef-Brandl-Anlagen „Bad Wurzbach“ und „Dürnstein“ sind hier zu bewundern. Obendrein wird etwas zum Thema Schweizer Schmalspurbahnen geboten. Und US-Fans werden staunend vor der von Horst Meier gebauten Anlage „Sherman Hill“ stehen bleiben. Diese thematische Vielfalt ist das Besondere am Fürther Angebot.

Deutschland hat wohl weltweit eines der dichtesten Netze an übers Land verstreuten Modellbahn-Schauanlagen. Hinzuzählen müsste man oben-

In der Modellbahnwelt Odenwald in Fürth ist diese riesige Ruhrgebietsanlage zu sehen.

drein die vielen teils öffentlich zugänglichen Vereinsanlagen. Wenn Sie demnächst auf Reisen sind zwischen Küste und Alpen, können Sie sich an unserer umfangreichen Liste mit 50 Schauanlagen entlanghangeln, die wir von Nord nach Süd gestaffelt haben:

- TEE im Museum Eckernförde (www.tee-verein.de),
- Modellbahnzauber Friedrichstadt (www.modellbahn-zauber.de),
- Technik-Modell-Museum Samtens/Rügen (www.technik-modell-museum.de),
- Miniaturland Leer (www.leeraner-miniaturland.de),
- Miniatur-Wunderland Hamburg (www.miniatur-wunderland.de),
- 1-Anlage Hamburg (www.shmh.de),
- Spielzeugmuseum Kleßen/Havelland (www.spielzeugmuseum-havelland.de),
- Wuppertaler Miniaturland (www.wumila.de),
- Deutsches Technik-Museum Berlin (www.fdtmb.de),
- Modellbahngut Eversum Olfen (www.gut-eversum.de),
- Modell-Bundesbahn Brakel (www.modellbundesbahn.de),
- Freilichtmuseum Grefrath (www.niederrhein-tourismus.de),
- Alte Dreherei Mülheim an der Ruhr (www.alte-dreherei.de),
- Herpa-Miniaturmuseum (www.herpa.de),
- Holle-Modellbahn Hessisch Lichtenau/Fürstenhagen (www.modellbahnland-heli.de),
- Modellbahn Wiehe (www.modellbahn-wiehe.de),
- Modellbahnland Erzgebirge Schönfeld (www.modellbahnland-erzgebirge.de),
- Zeitreise Hohenfichte-Leubsdorf (www.zeitreise-hohenfichte.de),
- Verkehrsmuseum Dresden (www.verkehrsmuseum-dresden.de),
- Miniatur-Elbtal Königstein (www.miniaturelbtal.de),
- Eisenbahn-Welten Rathen (www.eisenbahnwelten-rathen.de),
- Tillig-Museum Sebnitz (www.tillig.com),
- Modellbahnland Niederoderwitz (www.modelleisenbahnland-oderwitz.de),
- Modellbahnhof Stockheim-Glauburg (www.modellbahnhof-stockheim.de),
- Modellbahn im Museum Schlüchtern (www.modellbahn-im-museum.de),
- Modellbahn Fulda-Künzell (www.modelleisenbahn-fulda.de),
- Deutsches Spielzeugmuseum (www.spielzeugmuseum-sonneberg.de),

- DDM Neuenmarkt-Wirsberg (www.dampflokmuseum.de),
- La Statione Speichersdorf (www.lastatione.de),
- ArsTechnica Losheim (www.arstechnica.de),
- Modellbahnschau Hachenburg (www.modelleisenbahnschau-hachenburg.de),
- Faszination Gotthardbahn Steinsfeld (www.gotthard-modellbahn.de),
- Stadtmuseum Schwabach (www.schwabach.de/Stadtmuseum)
- DB Museum Nürnberg (www.dbmuseum.de),
- Omaha-Bahn Nürnberg, (www.spielzeugmuseum-nuernberg.de),
- Verkehrsmuseum Karlsruhe (www.verkehrsmuseum-karlsruhe.de),
- Märklineum Göppingen (www.maerklineum.de),
- Wunderwelten Straubing (www.bluebrix.de),
- Stellwerk S Herrenberg (www.miniaturweltenstuttgart.de),
- Schwarzwald-Modellbahn Hausach (www.schwarzwald-modellbahn-gutach.de),
- Eisenbahnmuseum Schwarzwald Schramberg (www.eisenbahnmuseum-schwarzwald.de),
- Boxenstop-Museum Tübingen (www.boxenstop-tuebingen.de),
- Schwarzwald-Museum Triberg (www.schwarzwaldmuseum.de),
- Faller-Miniaturwelten Gütenbach (www.faller.de),
- Märklin-World Titisee (www.maerklin-world.de),
- Miniwelt Oberstaufen (www.miniwelt-oberstaufen.de),
- Verkehrszentrum Deutsches Museum München (www.deutsches-museum.de),
- EFA-Museum Amerang (www.efa-mobile-zeiten.de),
- Porsche-TraumWerk Anger-Aufham (www.traumwerk.de),
- Lokwelt Freilassing (www.lokwelt.freilassing.de).
-

Die „Modellbundesbahn" in Brakel demonstriert den Betrieb während der Bundesbahn-Epoche III.

Stillgelegte Bahntrassen

9

Unter Bewuchs versteckte Gleise

Vergleicht man eine Eisenbahn-Streckenkarte aus der frühen Nachkriegszeit mit einer Netzkarte der Deutschen Bahn aus den zurückliegenden Jahren, wird man erschrocken feststellen, wie ausgedünnt sich inzwischen das Gleisgeflecht über ganz Deutschland hinweg darstellt. Noch deutlicher wird das, wenn man sich den zuletzt 2017 aktualisiert erschienenen „Eisenbahn-Atlas Deutschland" aus dem Verlag Schweers + Wall zur Hand nimmt, der akribisch für alle deutschen Regionen die Strecken-Rückbauten der letzten Jahrzehnte verzeichnet. Eisenbahnfreunde werden natürlich wehmütig beim Stichwort stillgelegte Bahntrassen – durchaus zu Recht!

Der Modellbahner hingegen hat dieses Thema längst als Gestaltungsmittel für den Dioramen- und Anlagenbau entdeckt: ein verwaister, zugewachsener Oberbau mit herausgerissenen Schienenprofilen, ein einsames Formsignal, an dem hochkletternder Efeu die Oberhand gewonnen hat, eine asphaltierte einstige Bahntrasse in mäßiger Neigung, auf der sich heute Fahrradfahrer tummeln, ein aufgelassenes Stellwerksgebäude, das äußerlich mit Graffiti besprüht ist, aber im Inneren von einem Modellbahnclub mit Leben erfüllt wird. Schon diese wenigen Beispiele zeigen, dass es der Möglichkeiten, sich diesem Sachgebiet zu nähern, recht viele gibt.

Stillgelegte Bahntrassen können ganz unterschiedlich in Erscheinung treten wie hier total verkrautet (unten) oder mit abgebauter Eisenbahnbrücke (links).

Stimmung bei Nacht

10

Wenn auf der Anlage das Licht angeht

Draußen an der Hausfassade nagt die herbstlich-feuchte Kühle. Drinnen in der Bastelstube ist es gemütlich und wohlig. Endlich ist die Modellbahn-Anlage – nach langer Ruhe über die warme Jahreszeit hinweg – wieder in Betrieb. Der Zugverkehr läuft tadellos. Die Loks schnurren über die Gleise; Weichen und Signale versehen zuverlässig ihren Dienst. Nur einige Laternen am Bahnsteig und die Beleuchtung von zwei, drei Häusern bleiben nach dem Anschalten dunkel. Da sind wohl die Glühfäden der Schraubbirnchen durchgebrannt? Nun heißt es handeln, denn spätestens, wenn meine Ehefrau mit den Kindern den Raum betritt, wird Raumverdunkelung gefordert, damit die an allen Ecken und Enden installierte Anlagenbeleuchtung und natürlich auch die beleuchteten Reisezüge besser zur Geltung kommen.

Der besonderen Faszination einer illuminierten Modellbahn-Anlage kann sich wohl keiner entziehen. Nicht umsonst sind Straßen- und Hausbeleuchtungen ein wichtiger Schlüssel zum Erfolg bekannter Schauanlagen wie dem MiWuLa in Hamburgs Speicherstadt, im Porsche-TraumWerk in Anger-Aufham oder bei der BLS-Großanlage im Briger Hotel „Good-NightInn“, wo Nachtsimulationen mit beeindruckenden Lichtspielen wie-

der und wieder das Publikum in Verzückung versetzen. Aber auch auf vielen Vereins- und Heimanlagen muss bei Einbruch der Dunkelheit nicht Schichtschluss sein, sondern geht der Betrieb auf Straßen und Gleistrassen sowie in den Bahnhöfen im Schein unzähliger Leuchten weiter.

Helfer für beleuchtete Szenen

Die Modellbahn-Industrie hatte immer schon ein Herz für Nolstalgiker und Nachtschwärmer. In zurückliegenden Jahrzehnten waren Firmen wie Beli-Beco, Brawa, Busch und Herkat die Wegbereiter. Später mischte Viessmann mit und brachte Bewegung in den Leuchtenmarkt. Längst ist die Miniatur-Glühlampe mit Steck- oder Schraubsockel von der modernen LED-Technik abgelöst. Für Hausbeleuchtungen gibt es heute von verschiedenen Firmen moderne Lichtboxen, die hinter die Fenster montiert werden. Laternen für den Straßenrand sind heute absolut maßstäblich. Moderne Beleuchtungsschaltungen von AMW, AustroModell, Busch, Dietz, Faller, Meier-Modellbau, Modell-Electronic Fritzsch, Mondial, QDecoder, Schönwitz, Tams, Uhlenbrock und Viessmann ermöglichen komplexe Programmabläufe und erleichtern das effektvolle Ausleuchten von Anlagenpartien. Obendrein gibt es auch Raumeffektschaltungen wie das Gerät IntelliLight von Uhlenbrock, mit dem optisch verschiedene Tageszeiten simuliert und sogar Regen, Blitz und Donner vorgegaukelt werden können.

Was gibt es Schöneres an einer Modellbahnanlage, als wenn die Raumbeleuchtung erlischt und das Gestaltete mit all seinen kleinen Lämpchen und Leuchten aus dem Dunkeln erstrahlt?

11 Bahnbetriebswerke für die Anlage

Heimat für Lokomotiven

Fast jeder Modellbahner hat mehr Lokomotiven und Triebwagen zur Verfügung, als er auf den Strecken seiner Anlage einsetzen kann. Allein schon aus diesem Grund findet man auf fast allen Anlagen mehr oder weniger umfangreiche Bahnbetriebswerke. Da jeder dazu neigt, dort möglichst viele Maschinen abstellen zu wollen, fallen die kurz Bw genannten Bereiche meist größer aus, als es der Betrieb auf den benachbarten Strecken erfordern würde. Hier passt dann gut die Ausrede des größeren Rangier- oder Personenbahnhofs außerhalb der dargestellten Szene. Auch als eigenständiges Anlagenthema sind Bahnbetriebswerke beliebt.

Die Größenordnung spielt dabei kaum eine Rolle. Das einzelne Gleis mit einständigem Wellblechschuppen ist genauso vorbildgerecht wie zwei ineinander verschachtelte Drehscheiben mit zwei Ringlokschuppen. Für nahezu jede Lösung gibt es passende Drehscheiben und Gebäude, die aber richtig kombiniert werden müssen, um glaubwürdig zu wirken.

Für die Unterhaltung von Dampfloks sind ein Wasserturm mit einem oder mehreren Wasserkranen, eine Schlackengrube, eine Bekohlungsanlage, ein kleiner Schuppen für Schmierstoffe und Anheizholz sowie diverse Werkzeuglager erforderlich. Für alle Triebfahrzeuge benötigt man Bremssand, Wartungsgruben und eventuell auch Gerüste für Arbeiten am Dachbereich. Je nach Kraftstoffart müssen für Fahrzeuge mit Verbrennungsmotor noch Benzin oder Diesel bevorratet und an Zapfsäulen ausgegeben werden. Möglich wäre auch das Anordnen von mindestens vier Spindelhebeböcken zum Abheben der Lokaufbauten von den Lokdrehgestellen für Wartungszwecke.

Lokschuppen verschiedener Bauarten

Für das wettergeschützte Abstellen der Loks verfügt fast jedes Bw über überdachte Hallen. Diese können als Rechteck- oder Ringlokschuppen ausgebildet sein. An Nebenbahnen sind sie meist aus gleichem Material wie die Güterschuppen oder Empfangsgebäude gebaut worden. So findet man in allen Nenngrößen Modelle mit Holzverschalungen, Fachwerk, Natur- und Ziegelsteinen. Die größeren Ringlokschuppen, deren Modelle meist über drei Stände verfügen, die beliebig erweitert werden können, wurden in der Regel massiv aus Ziegelsteinen oder als Stahlfachwerk-Konstruktion mit ausgemauerten Flächen erstellt.

Für kleine Bahnhöfe genügt meist das Gestalten einer Lokeinsatzstelle mit einem Schuppen für zwei bis vier Triebfahrzeuge. Gleichzeitig muss an die Versorgungseinrichtungen für die Lokomotiven gedacht werden, also an Kohlenbansen, Entschlackungsanlage und Wasserkran für die Dampftraktion sowie an eine Tankstelle für Dieseltriebfahrzeuge.

Wer viel Platz auf der Anlage hat, wird solch ein großes Bahnbetriebswerk mit Drehscheibe und Ringlokschuppen bevorzugen.

12 Modellbahn-Epochen nach Vorbild

Alles zu seiner Zeit

Egal, ob man als Modelleisenbahner Fahrzeuge sammelt oder eine Anlage unterhält und betreibt – eine Orientierung auf die vom Vorbild vorgegebenen Zeitepochen streben viele bei der Auswahl von rollendem Material und/oder eines Anlagenthemas an. So kommt das Hobby dem Original nahe; eine gewissen Ernsthaftigkeit kann man dann nicht von der Hand weisen. Klar kann man diese Zwänge ignorieren, riskiert aber durchaus, als Spielzeugbahner eingestuft zu werden. Es ist und bleibt aber eine ganz persönliche Entscheidung, ob man „epochenrein" agieren will oder nicht. Also versuchen wir es mit einem behutsamen Eintauchen in die Eisenbahngeschichte und nähern uns den vom Verband der Modelleisenbahner und Eisenbahnfreunde Europas (MOROP) aufgestellten Zeiteinteilungen – Modellbahn-Epochen genannt:

Epoche I – die Länderbahn-Zeit

Als die Eisenbahn ab 1835 in Deutschland langsam Fuß fasste und auf der ersten Strecke zwischen Nürnberg und Fürth ans Rollen kam, war der flächendeckende Siegeszug der Fahrzeuge auf Schienen noch nicht abzusehen. Aufgrund der zersplitterten Landesstruktur bildeten sich nach und nach kleine Inselbetriebe, Länderbahnen genannt. Erst zur Jahrhundertwende um 1900 begann ein wirklicher Bauboom von Strecken und Bahnbauten. Was damals auf den Trassen lief, waren farbenfrohe Lokomotiven und Waggons in Länderbahn-Lackierungen. Da die Zuglängen wuchsen, wurden immer größere Lokomotiven bei den Fabriken bestellt. Und um den Wunsch nach gestiegenem Reisekomfort zu befriedigen, wurden schnelle Reisezüge in die Fahrpläne aufgenommen und auch erste Luxus-Züge wie der „Orient-Express" in Bewegung gesetzt.

Epoche II – die Reichsbahn-Zeit

Die Zeit zwischen den beiden Weltkriegen war mit dem Entstehen großer Staatsbahnnetze in Europa verbunden. 1924 wurde die Deutsche Reichsbahn-Gesellschaft gegründet. Fortan wurden sämtliche Fahrzeuge gemäß eines Umzeichnungsplanes für Lokomotiv-Baureihen und Wagen-Gattungen neu beschriftet. Gleichzeitig entfielen die vierte Wagenklasse und die Gasbeleuchtung bei Reisezügen. Bei den Hochbauten war die Zeit des Historismus beendet; moderne und zweckmäßige Bahnbauten entstanden nun. Im Lokomotivbau setzten die von der Deutschen Reichsbahn-Gesellschaft geforderten Einheitslokomotiven der Dampftraktion neue Zeichen. Gleichzeitig entwickelte sich die Elektrotraktion mit den Baureihen E 04, E 18, E 44 und E 94. Ab Mitte der 1930er-Jahren wurden die Fahrzeuge mit den Insignien der Nazi-Diktatur versehen. Mit deren Untergang endete auch diese Epoche.

Epoche III – die Zeit von DR und DB

Die im Anschluss an den Zweiten Weltkrieg aufgrund der deutschen Teilung gegründeten Bahngesellschaften Deutsche Reichsbahn (in der DDR) und Deutsche Bundesbahn (im Westen Deutschlands) prägten diesen Zeitraum, der sich bis zum Ende der 1960er-Jahre hinzog und von Modellbahnern gern in eine frühe und eine späte Epoche III untergliedert wird. Hierfür gibt es natürlich prägnante Erkennungsmerkmale besonders an den Fahrzeugen jener Zeit: die späten 1940er-Jahre mit vorrangig Dampflokbetrieb und noch Reisezugwagen der dritten Klasse (bis 1956), teils noch mit Zonen-Anschriften, schließlich die Bildung von DB und DR, die Einführung des Dreilicht-Spitzensignals (1957), der vermehrte Einsatz von Diesel- und Elloks bis hin zum nahenden Ende der Dampftraktion. Auch das Aufstellen von Lichtsignalen charakterisiert diese Zeit.

Zwei Dampflokomotiven aus der frühen (oben) und späten Epoche I – der Länderbahnzeit

Triebzüge markieren die Epochen V/VI, während Dampfloks in dieser Zeit nur noch museal verkehren.

Epoche IV – Modernisierung bei DR und DB

Dieser Zeitraum beginnt im Übergang von den 1960er- zu den -70er-Jahren mit der Einführung der UIC-Computernummern an den Eisenbahn-Fahrzeugen. Ein wichtiges Ereignis dieser Epoche ist das Verschwinden der Dampftraktion Mitte der 1970er-Jahre bei der DB und einige Jahre später auch bei der DR. Bei der ablösenden Elektrotraktion wurden allerhand neue Baureihen bei beiden Bahngesellschaften in Dienst gestellt. Bezüglich der Reisezugwagen wurde mit vielerlei Farbkonzepten experimentiert. Im Ausgang dieses Zeitraums kam es dann zum Neubau von DB-Schnellfahrstrecken für den geplanten ICE-Verkehr. Dem Ende entgegen ging diese Epoche mit der sich anbahnenden Wiedervereinigung beider deutscher Staaten. Parallel näherten sich beide Bahngesellschaften betrieblich einander an, was mit teils kuriosen Anschriften und Farbgebungen an den Reichsbahn-Lokomotiven einherging.

Epoche V – die DB AG der 1990er-Jahre

Recht kurz im Verhältnis zu den Epochen davor dauerte die Epoche V, die modellbahnerisch meist mit der nächsten Epoche einhergeht und von vielen betrieblich als ein Zeitraum angesehen wird. Höhepunkt ist natürlich die Gründung der Deutschen Bahn AG 1994 und der sich ausweitende ICE-, InterCity- und InterRegio-Verkehr. Aber auch der Trassen-Rückbau auf dem Gebiet der ehemaligen DDR sowie das Verschwinden zahlreicher Lokbaureihen und Wagengattungen sind charakteristisch.

Epoche VI – die DB AG ab der Jahrtausendwende

Die seit 2007 geltende neue Beschriftungsrichtlinie für Wagen, durch die die UIC-Nummern nicht mehr die Bahn, sondern das Land kennzeichnen, markiert den Beginn dieses aktuellen Zeitraums. Loks besitzen nun zwölfstellige UIC-Nummern. Betrieblich mischen verstärkt private Eisenbahn-Verkehrsunternehmen im Güter- und Personenverkehr mit. Der Rückgang des Güterverkehrs in der Fläche geht einher mit dem Rückbau von Güterumschlagplätzen. Es überwiegen Trieb- und Wendezüge im Reiseverkehr und Ganzzüge im Güterverkehr.

Eisenbahn-Fährverkehr

13

Wenn die Bahn übers Wasser gleitet

Unter Fährverkehr versteht der Fachmann den Transport von Personen und Gütern sowie Landfahrzeugen zwischen zwei am Ufer liegenden Anschlussstellen eines durch Gewässer unterbrochenen Landverkehrsweges (Schiene oder Straße) mit zumeist speziell dafür hergerichteten Wasserfahrzeugen. Natürlich können die Dimensionen dieses Themas recht unterschiedlich sein: Fahren auf den Überseerelationen – wie etwa auf der Ostsee – riesige Fährschiffe, in denen komplette Züge verschwinden, genügen bei kleinen Gewässerüberführungen – wie beispielsweise bei der einstigen Wittower Eisenbahnfähre von 1896 auf Rügen – eher kleine Pötte, um die kurzen Wagengarnituren oder auch nur einzelne Loks zu befördern.

Für Modellbahner sind genau solche kleinen Vorbild-Fähranlagen am ehesten umzusetzen. Speziell die Wittower Fähre der ehemaligen Rügenschen Kleinbahnen war oft schon eine Vorlage für H0e-Modellbahnanlagen von Vereinen und Privatmodellbauern, zumal das kleine Fährschiff als Artitec-Resinbausatz zur Verfügung steht, was die Nachbildung des Themas vereinfacht. Doch auch größere Fähranlagen des Vorbildes wurden schon im Maßstab 1:87 nachgebaut wie etwa das Trajekt Stralsund – Altefähr vom Sassnitzer Modellbahnclub oder das große Fährterminal von Warnemünde von Rostocker Modellbahnfans. Aktuell gibt es auch ein Fähr-Angebot für N-Bahner, denn Modellbahn-Union hat kürzlich das Fährschiff „Fehmarn“ aufgelegt und auch den dazu passenden Anleger.

Die Fähr-Thematik ist etwas ganz Spezielles im Modellbahnbereich, denn sie kombiniert das Maritime mit der Eisenbahn, wovon eine besondere Faszination ausgeht.

Feldbahnen

14

Züge auf schmalem Gleis

Feldbahnen sind Eisenbahnen des nichtöffentlichen Verkehrs, die meist als Arbeitsbahnen gebaut und geführt werden, also vorrangig dem Gütertransport dienen – oder auch nur vorübergehenden Zwecken dienen können, wie das seinerzeit bei den Heeresfeldbahnen im Zeitraum um den Ersten Weltkrieg herum der Fall war. Dabei fahren Feldbahnen grundsätzlich auf schmaler Spur, wobei 600 und 750 Millimeter Abstand zwischen den Schienen üblich sind. An Bau, Betrieb und Unterhaltung werden dabei geringe technische Anforderungen gestellt. Feldbahnen sind bekannt aus Industriebetrieben, Tagebauen, landwirtschaftlichen Betrieben, aber auch als Grubenbahn unter Tage, wo sie zum Transport der Bergleute bzw. heute von Schaubergwerksbesuchern dient.

Schon diese Bandbreite an Einsatzfeldern legt nahe, dass sich der Modellbahner bei diesem Thema so richtig austoben kann. Obendrein sind seiner Fantasie beim Bauen einer Feldbahn keine Grenzen gesetzt: Von der langgestreckten Transportbahn zwischen einer Tongrube und einer Ziegelei über ein innerbetriebliches Werkbahnnetz zwischen Fabrikgebäuden und -höfen bis hin zum Kleinstbetrieb in einem Sägewerk reicht die Vielfalt. Die in unserem Beispielfoto gezeigte Feldbahn im Maßstab 1:45 zeigt zwar Selbstbaufahrzeuge, doch kann der Modellbauer auch auf ein stattliches Angebot an industriell hergestellten Modellen in verschiedenen Nenngrößen zurückgreifen, wobei besonders in H0e und H0i (früher H0f) die Auswahl recht groß ist (siehe Kasten).

Vornehmlich im Eigenbau entstand diese Feldbahnanlage im Maßstab 1:45.

Busch-Feldbahn-Modelle und Kleinserien

Seit dem Jahr 2010 hat die Firma Busch ein gut funktionierendes Feldbahn-System im Programm, das mit einigen Startersets begann (Artikelnummern 12000/-01) und inzwischen im Katalog mehrere Seiten füllt. Das produzierte H0i-Gleis mit Neusilber-Schienenprofilen, maßstäblicher Schwellenlage und einem Stahlunterbau, an den sich die mit Permanentmagneten ausgestatteten Loks zur Erhöhung der Traktionsleistung „heranziehen", ermöglicht Strecken in verschiedenen Gleisradien, was die Abbildung oben unter Beweis stellt.

Mit dem mit Metallradsätzen bestückten Fahrzeugpark lässt sich nahezu jede Vorbildsituation gestalten. Basierend auf einem Standardfahrgestell gibt es die klassischen Kipploren, Plattform- und Fasswagen, Rungen- und Stirnwandwagen, aber auch Mannschaftswagen für den Personentransport. Für spezielle Themen werden Torfloren und längere Drehgestellwagen angeboten. Betrieben wird die Bahn mit einem Drei-Volt-Fahrregler. Um das Fahrzeugsortiment herum hat Busch inzwischen mehrere Zubehör-Themen entwickelt, die genug Ausstattungsmaterial für Anlagenthemen bieten.

Allerdings war Busch nicht der Vorreiter in Sachen Feldbahnen. Besondern die Firma Carocar mit ihren Marken Panier (H0), Écore (0) und Mammut (2) bedient seit vielen Jahrzehnten dieses schmalspurige Spezialgebiet mit zahlreichen Lokomotiven und Wagen. Obendrein tummeln sich im Bereich des Maßstabs 1:87 weitere Firmen wie Auhagen, Glöckner, MinitrainS oder technomodell/pmt, die praxistaugliche Feldbahn-Fahrzeuge führen. Am bekanntesten aus der Modellbahn-Geschichte dürfte allerdings das Roco-H0e-Sortiment mit Loren, Dampf- und Diesellokomotiven sein.

15 Gartenbahnen im Außenbereich

Fahrspaß an der frischen Luft

Schon seit es Modellbahnen gibt, lockte es findige Bastler an die frische Luft, um mit der Modellbahn zu spielen. Doch waren es meist Einzelkämpfer, die das Gartenbahn-Hobby in verschiedenen Nenngrößen betrieben. Der große Durchbruch gelang erst 1968, als Eberhard und Wolfgang Richter mit ihrer Lehmann-Groß-Bahn (LGB) auf der Nürnberger Spielwarenmesse ein komplett neues Gartenbahn-System mit Lokomotiven, Wagen und Gleisen vorstellten. Die Messinggleise mit Kunststoffschwellen sind so robust konstruiert worden, dass sie selbst nach unzähligen Frostperioden, sommerlicher Hitze und anderen Wetterkapriolen stets zuverlässig ihren Dienst versehen.

Natürlich muss man Freude an der Gartengestaltung haben, Steine und Schotter einbringen, die richtigen Pflanzen setzen und später auch pflegen. Der Betrieb einer Gartenbahn unterscheidet sich daher komplett von dem einer Zimmeranlage, da man immer wieder – wie bei der echten Eisenbahn auch – die Gleise unterhalten und die Vegetation zurückschneiden muss. Dafür bietet der Fahrbetrieb pure Entspannung bei jedem Wetter, zumal wenn Freunde oder Familienangehörige mit eingebunden werden.

Regelspur-Modelle erobern den Garten

Inzwischen ist die Auswahl an Fahrzeugen der Firmen LGB, Piko, TrainLine 45 und anderen so groß, dass jeder sein Lieblingsthema umsetzen kann. Die Favoriten sind dabei sächsische und Harzer Schmalspurbahnen sowie die Rhätische Bahn. Doch auch Regelspurmodelle der DB und DR haben in den letzten Jahren eine große Fangemeinde gefunden. In diesem Themenbereich hat sich besonders der Sonneberger Hersteller Piko mit zahlreichen formneuen Lok- und Wagenmodellen hervorgetan. Allen gemeinsam ist das 45 Millimeter breite Gleissystem, auf dem sie im Garten verkehren. Da die Natur sich auch nicht maßstäblich verkleinern lässt, schwankt der Maßstab der Großserienmodelle zwischen 1:27 und 1:19, was Gartenbahner seit Jahrzehnten tolerieren. Eine kleine Gruppe beschäftigt sich mit Feldbahnen auf 30-Millimeter-Gleis, mit der Vorbildspurweite von 750 Millimetern auf 32-Millimeter-Gleis oder mit der Regelspur auf Gleisen von 64 Millimetern Schienenabstand und einheitlich im Maßstab 1:22,5.

Die kleine LGB-Tenderlok „Stainz" ist die kultigste unter den Gartenbahnloks.

Gartenbahn-Betrieb im Freien kann man zu jeder Jahreszeit durchführen. Allerdings ist solch eine Anlage weitaus wartungsintensiver als ein Modellbahn-Schaustück in der Wohnung, da neben dem Gleis auch das Grün regelmäßig gepflegt werden muss.

GmP und PmG

16

Bunte Wagenreihung für Rangierfans

Die Personenzüge auf der Modellbahnanlage müssen nicht immer aus einer Wagengattung bestehen, denn das Original bietet auf Regel- und Schmalspur die vielfältigsten Wagenreihungen. Auf Anlagen eher selten zu beobachten sind die Güterzüge mit Personenbeförderung (GmP) oder die Personenzüge mit Güterbeförderung (PmG). Die spezifischen Unterschiede sind meist so gering, dass sie für den Betrieb auf der Modellbahn keine Rolle spielen, denn wer hat schon einen exakten Fahrplan, Zugbildungsvorschriften oder andere Dienstanweisungen dafür ausgearbeitet? Viel wichtiger ist es, mit aus Personen- und Güterwagen gemischt gebildeten Zügen Betrieb zu machen. Dabei spielt es keine Rolle, ob mehr Güter- oder Personenwagen hinter der Zuglok oder dem Triebwagen laufen, denn das konnte auch bei der großen Bahn von Tag zu Tag variieren.

Zuggattung für rangierfreudige Modellbahner

Setzt man einen kurzen Nebenbahn-Personenzug ein, könnte dieser zum Beispiel an einer Zwischenstation einen Milchwagen aufnehmen und diesen bis zum nächsten größeren Bahnhof – oder zum Schattenbahnhof – mitführen. Aber auch das Mitführen von einigen Leerwagen war üblich, die dann unterwegs an einer Ladestraße oder in einem Werkanschluss abgestellt wurden. Hierbei kann die Zuglok durchaus vom Personenzug abkuppeln und die Wagen solo rangieren. Liegt der Anschluss ideal, kann auch mit angehängten Personenwagen rangiert werden, was den zeitlichen Ablauf beschleunigt, denn auch PmG oder GmP fuhren nach Fahrplan, wobei die Fahrzeiten erheblich ausgedehnt waren.

Die Rhätische Bahn praktiziert dieses Verfahren noch heute und stellt regelmäßig in ihre Personenzüge einzelne Güterwagen ein, um diese zum Kunden zu überführen. Doch auch auf Hauptbahnen in Deutschland konnte man bis zur Epoche IV regelmäßig Güterwagen in Personenzügen beobachten, wenn diese in erster Linie eiliges Stückgut beförderten. Im weitesten Sinne fällt unter diese Zuggattung auch die „Rollende Landstraße“, die Lastkraftwagen auf Güterwagen transportiert und die Fahrer in einem angehängten Reisezugwagen mitnimmt. Doch hier fehlt der betriebliche Aspekt der Rangiervorgänge an den Zwischenbahnhöfen, der ja den Reiz von GmP und PmG ausmacht.

GmP und PmG fahren als gemischte Züge, die neben der Zuglokomotive Personen- als auch Güterwagen im Verband haben und letztere an Ladestellen absetzen.

Beim Aufenthalt eines GmP/PmG auf einem Bahnhof kann ein Güterwagen an die Ladestraße oder den Güterschuppen rangiert werden.

Prinzipiell kann man jede Lok und alle Wagen der bevorzugten Epoche für die Zugbildung nutzen oder eines der von verschiedenen Herstellern angebotenen Zugsets nutzen. Mehr Spielwert hat man aber, wenn man eine Lok mit digitaler Kupplung sowie einige Güterwagen mit digitaler Kupplung ausstattet. Da die Personenwagen immer als Verband fahren, kann man dann beim Rangieren die Güterwagen untereinander bzw. vom ersten Personenwagen abkuppeln. Weniger komfortabel, aber auch möglich ist es, am ausgewählten Bahnhof mehrere Entkupplungsgleise einzubauen und dann den GmP/PmG entsprechend aufzulösen.

Güterschuppen und Ladestraße

17

Warenumschlag fürs Spielen mit Sinn

In der Frühzeit der Eisenbahn gehörten zu jedem Bahnhof ein Güterschuppen und eine Ladestraße, die in ihren Dimensionen dem zu erwartenden Warenumschlag entsprachen. Oft, aber nicht immer waren beide Betriebsstellen nebeneinander angeordnet. Die Modellbahn-Zubehörindustrie hat schon von Anbeginn attraktive Güterschuppen-Modelle in jeder Größenordnung angeboten. Für kleinere Bahnhöfe sind dies die direkt am Empfangsgebäude angebauten Schuppen mit kleiner Rampe, die wenig Platz beanspruchen und deren Ladegleis oft nur einen oder zwei Güterwagen aufnehmen kann. Ließen es die Platzverhältnisse zu, wurden die Güterschuppen etwas entfernt vom Empfangsgebäude aufgestellt. Sie mussten dadurch nicht wesentlich größer werden, wie zahlreiche Bausätze beweisen, doch sollten sie zum Baustil des Bahnhofs passen.

Besonders reizvoll sind Schuppen, die im Laufe der Jahrzehnte verlängert wurden und deshalb mehrere Baustile aufweisen. Auch sollte man kleinere Schuppen für Gefahrstoffe oder Vieh berücksichtigen. In allen Nenngrößen von 2 bis Z ist die Auswahl an Güterschuppen riesig. Neben den klassischen Kunststoff-Bausätzen findet man meist mit regionalem Bezug viele Lasercut-Gebäude, Bauwerke aus Resin sowie Kartonmodelle.

Schnittstelle zwischen Schienen- und Straßenverkehr

Die Ladestraße bietet die Möglichkeit, Pferdefuhrwerke oder Lkw direkt vor den bereitgestellten Güterwagen abzustellen und Verladeszenen zu gestalten. Hierfür müssen allerdings Modelle ausgewählt werden, deren Türen sich ab Werk oder nachträglich mit einem Skalpell in der Bastelwerkstatt öffnen lassen. Sollen Vieh, Straßenfahrzeuge oder andere Geräte auf bzw. von Güterwagen geladen werden, muss man eine Seiten- oder Kopframpe einplanen. Hierfür muss nicht zwingend ein weiteres Gleis verlegt werden, denn auch am Ende eines Schutzgleises oder neben dem Umsetz- oder Ladegleis kann diese angeordnet werden. Als Kunststoff- oder MetallBausätze findet man Lademaße, Gleis- und Straßenwaagen, Förderbänder, Viehrampen, Rübenverladeanlagen, Bohlenübergänge, Schutzzäune, Laternen und viele weitere Teile, die für die realistische Gestaltung der unbefestigten oder meist gepflasterten Ladestraßen erforderlich sind.

Güterschuppen können am Empfangsgebäude eines Bahnhofs angebaut sein oder – wie hier – in größerer Bauform separat aufgestellt werden.

Eine Ladestraße gehört zu jedem Bahnhof einfach dazu. Sie dient dem direkten Umladen von Gütern von der Straße auf die Schiene und umgekehrt.

Klein- und Lokalbahnen

Bahnen dritter Ordnung

18

Kleinbahnen wurden in der Frühzeit der Eisenbahn auch Tertiärbahn genannt, was nichts weiter heißt als Bahn dritter Ordnung. Laut preußischer Eisenbahn-Definition waren das regel- oder schmalspurige Bahnen, die aufgrund ihrer geringen Bedeutung für den allgemeinen Eisenbahnverkehr und auch hinsichtlich der Bauausführung und späteren Betriebsführung weniger strengen Anforderungen unterlagen als Haupt- und Nebenbahnen. In Bayern wurden diese Bahnen meist Lokalbahnen genannt. Die vorrangig in ländlichen Regionen errichteten Strecken oder Netze (beispielsweise Kleinbahnen der Altmark) wurden vielfach durch private Unternehmen oder angrenzende Gemeinden gefördert, da diese ja letztendlich Nutznießer dieser Gleisanbindung waren. Insofern waren diese Bahnen auch geprägt von zahlreichen Gleisanschlüssen in Firmenareale hinein und somit von einem starken Frachtverkehr, was besonders Rangierfans begeistern wird.

Typisch für Kleinbahnen waren Dieseltriebwagen wie „Schweineschnäuzchen", die zwischen den jeweiligen Endstationen pendelten und wirtschaftlicher waren als lokbespannte Züge, die am Endbahnhof viel Zeit fürs Umsetzen der Zuglok benötigten.

Kleinbahnatmosphäre pur strahlt dieser Landbahnhof aus, der zu Zeiten der Dampftraktion auch über die entsprechenden Behandlungsanlagen für die Lokomotiven verfügte.

Der Begriff Kleinbahn ist im preußischen Gesetz über Kleinbahnen und Privatanschlussbahnen von 1892 definiert. Bau und Betrieb von Kleinbahnen erfolgten nach vereinfachten Vorgaben – etwa Gleise in Kies- statt in Schotterbettung sowie vereinfachter Nebenbahnbetrieb – und meist durch privatrechtliche Gesellschaften, an denen in vielen Fällen der Staat oder die Region beteiligt waren. Während nach 1949 im westlichen Teil Deutschlands viele Kleinbahnbetriebe als Privatbahnen überlebten, wurden sie in der DDR unter Reichsbahn-Verwaltung gestellt, was auch die Umzeichnung der Fahrzeuge entsprechend des DR-Nummernschemas nach sich zog. Fortan gehörten sie zu den Nebenbahnen, auf denen meist Tenderloks mit sogenannten 6.000er-Ordnungsnummern liefen.

Wer dieses Thema modellbahnerisch umsetzen möchte, trifft eine gute Wahl: Zum einen, weil die Betriebsanlagen wie Bahnhöfe und Anschlüsse im Verhältnis zu Neben- oder Hauptbahnen weniger Platz beanspruchen – zumal dann, wenn sie schmalspurig ausgelegt werden. Zum anderen, weil auch der Betriebsablauf gemütlich vonstatten geht, sich auf kurze Züge beschränkt, viele Rangierfahrten ermöglicht und ein ausgeglichenes Mischkonzept zwischen Personen- und Güterverkehr bietet. An Fahrzeugen in den Nenngrößen H0 und N wird besonders der Fan bayerischer Lokalbahnen ausgezeichnet von Fleischmann und Roco mit unterschiedlichen Dampfloktypen der Baureihe 98 und passenden Lokalbahnwagen-Gattungen bedient. Aber auch so manche Weinert-Tenderlok in H0 und vor allem der neue ELNA-D-Kuppler von Tillig bringen Schwung in das Thema. Im Zubehörbereich sind es vor allem die Auhagen-Backsteingebäude, die gut zu diesem Sachgebiet passen.

Schattenbahnhof und Fiddle-yard

19

Speicherplätze für Züge

Ein Schattenbahnhof stellt auf einer Modellbahnanlage betrieblich das i-Tüpfelchen dar, denn er gewährleistet, dass mehrere Zuggarnituren im Wechsel über die sichtbaren Strecken und Stationen fahren können, ohne dass die Vielfalt an Zügen für den Betrachter auf den ersten Blick wahrnehmbar ist, was dem Vorbildbetrieb durchaus nahekommt. Baulich handelt es sich bei einem Schattenbahnhof um eine Gruppe von Abstellgleisen für komplette Züge, die sich meist unter der landschaftlich gestalteten Anlagenfläche, also im Schatten, befindet. Große Anlagen von Vereinen haben mitunter auch separate Räume für derartige Abstellbereiche, wobei die Zufahrten dann als Tunnel oder bewaldete Einschnitte getarnt sind.

Auch in Blockabschnitte eingeteilte Gleiswendel, in denen die Züge hintereinander geparkt sind und blockweise aufrücken, können den Schattenbahnhöfen zugerechnet werden. Da sich der Betrieb vornehmlich im Dunkeln abspielt, sollte ein Schattenbahnhofsablauf automatisiert und über ein Gleisbildstellpult überwacht werden. Wurde hierfür früher Relaistechnik installiert, sorgen inzwischen elektronische Schaltungen oder PC-Steuerungen für einen zuverlässigen Betrieb. Bewährt haben sich auch kleine Überwachungskameras, deren Livebilder dem Anlagenbediener über Monitore anzeigen, was sich unterirdisch an Zugbewegungen abspielt.

Offene Abstellbereiche für die Zugbildung

Ein etwas anderes Konzept, Züge abzustellen oder Fahrzeuge aufzugleisen, stellt der sogenannte Fiddel-yard dar, der für das bewusst manuelle Eingreifen des Bedieners gebaut ist und daher auch offen und einsehbar gestaltet ist. Hier kann mit minimalem Aufwand die Reihung der Wagen verändert oder eine Lok getauscht werden, um den Zugbetrieb abwechslungsreicher gestalten zu können. Die Einfahrt in einen Fiddle-yard geschieht meist nur von einer Seite her über eine Weichenstraße. Es gibt aber auch platzsparende Lösungen wie Schubladen, die wie eine überdimensionierte Schiebebühne funktionieren, oder Drehscheiben, auf denen ein kompletter Zug oder sogar Zuggruppen gewendet werden, um wieder Lok voraus den Fiddle-yard verlassen zu können.

Als Schublade ausgeführter Fiddle-yard mit H0/H0e-Dreischienengleis.

Auch eine Drehscheibe fürs Wenden kompletter Züge ist eine Option.

Schmalspurbahnen

Berühmte Züge auf schmaler Spur

20

Auch wenn Sie mit dem Begriff Schmalspurbahn auf Anhieb nicht viel anfangen können, so macht es bei Ihnen vielleicht „klick“, wenn Schlagworte fallen wie Glacier-Express, Brockenbahn oder Rasender Roland. Denn genau das sind berühmte Beispiele für diesen Eisenbahnbereich mit kleinerer Spurweite als die sonst üblichen 1.435 Millimeter für Regelspurbahnen. Meist liegen die Schienenabstände bei 1.000, 900 oder 750 Millimetern. Die 600-mm-Trassen werden eher Feldbahn genannt (siehe Kapitel 14). Mitte der 1970er-Jahre waren 23 Prozent aller Eisenbahnstrecken der Welt Schmalspurbahnen. In Europa besonders weit verbreitet waren derartige Strecken der schmalen Spur auf dem Gebiet der einstigen DDR, wo man 1977 rund 300 Kilometer Betriebslänge nachgewiesen hat. Doch auch dort wurden in den Jahren danach viele Bahnen eingestellt, weil der Kraftverkehr auf der Straße billiger war und im Personentransport die Orte zentraler ansteuerte.

Die Tatsache, dass Schmalspurbahnen weitaus geringere bauliche und technische Anforderungen erfüllen brauchten und topografisch sich auch durch enge Täler schlängeln können, kann sich jener Modellbahner zunutze machen, der zuhause nur wenig Platz für eine Anlage zur Verfügung hat. Denn die Gleisradien sind in H0e oder H0m weitaus kleiner als bei der Regelspur und der Betrieb darauf mit den putzigen Zügen auch glaubwürdiger, als wenn sich eine große H0-Schlepptenderlok der Baureihe 01 durch einen 360-Millimeter-Gleisradius zwängt und zu entgleisen droht. Deshalb ist es auch kein Wunder, dass viele auf Messen und Ausstellungen zu sehende Privatanlagen meist in schmaler Spur ausgeführt sind, weil – um es mal ganz salopp zu sagen – einfach mehr auf die Platte passt und alles liebenswürdig und idyllisch wirkt, ohne kitschig zu sein.

Sächsischer H0e-Schmalspurzug aus Fahrzeugen der Fabrikate Bemo, SEM und technomodell.

Wer kennt sie nicht, die roten Schmalspur-Reisezüge der Schweiz? Bemo hat verschiedene Zuggarnituren diverser Schweizer Bahngesellschaften in H0m im Angebot.

Schmalspurmodelle von N bis 2

Die beiden bekanntesten Hersteller von Schmalspurbahnen dürften Bemo und LGB sein. Während die kleine Firma aus Uhingen vorrangig Schweizer Modelle in H0m und sächsische Fahrzeuge in H0e anbietet, fertigt die seit einigen Jahren unter Märklin-Regie firmierende Marke LGB Gartenbahnen der Nenngröße 2m/G. Aber auch Produkte von Bachmann, Boerman, Frey, Dietz, Kiss, Piko oder TrainLine 45 finden sich auf Gartenbahnanlagen wieder. Weitaus mehr Hersteller gibt es für Schmalspurmodelle des Maßstabs 1:87, etwa Busch, Ferro-Train, Glöckner, Hapo, MinitrainS, Panier, SEM, Tillig, technomodell/pmt, Veit oder Weinert. Nur wenige Hersteller wie Karsei, Lorenz, Schwenke oder Veit bedienen den 1:120-Markt oder wie AB-Modell die Schmalspurfreaks des Maßstabs 1:160. In 1:45 hat die Firma Henke ein breites Sortiment an sächsischen Fahrzeugen, während sich Bemo seit einigen Jahren der Schweizer RhB in 0m verschrieben hat. Aber auch Écore, Hapo, Weinert oder ZT-Modellbahnen bieten für 0e/m bzw. 0i bemerkenswerte Kleinserien an. Der Maßstab 1:32 wurde früher von Hübner bedient, während heute die Lauinger Firma KM 1 dafür ein kleines Schmalspursortiment offeriert.

Schnell-Fernverkehr

21

Flinke Fahrt durch alle Epochen

Schon in der Frühzeit der Eisenbahnen gab es erste Fernbahnen, für deren Umsetzung es aber an entsprechenden Großserienmodellen und Zubehör fehlt. Erst zum Ende der Epoche I waren bei den Länderbahnen vierachsige Wagen mit schnellen Dampfloks unterwegs, von denen es in allen Nenngrößen passende Modellumsetzungen gibt. Mit dem Wechsel zur Epoche II begann die Blütezeit der Eisenbahn. Mit dem Dampf-Schnellzug „Rheingold“, dem stromlinienförmigen Henschel-Wegmann-Zug, den Dieseltriebzügen „Fliegender Hamburger“, dem Schienenzeppelin oder den schnittigen Elloks kann man abwechslungsreichen Betrieb machen.

In den Epochen III und IV rollten die edlen blauen und später rot/beigefarbigen Schnellzüge durchs Land. Für den IC- und TEE-Verkehr wurden nicht nur Schnellfahr-Elloks wie die Baureihe 103 beschafft, sondern auch Triebwagen wie der legendäre VT 601 oder ET 403, die modellbahnfreundlich im Mischbetrieb mit Nahverkehrs- und Güterzügen über eine Trasse rollen können. Diesen gemeinsamen Betrieb gibt es auch in den nachfolgenden Epochen noch, doch charakteristisch dafür sind die Neubaustrecken, neue oder renovierte Bahnhöfe sowie Lärmschutzwände entlang der Strecke. Neben wenigen Fernzügen mit internationalem Wagenpark und den jetzt weißen InterCitys sowie dem modernen Doppelstock-IC 2 dominieren allerorts die verschiedenen ICE-Bauarten.

Schnelle Züge des Fernreiseverkehrs fahren meist auf elektrifizierten Strecken.

Mit Diesetriebzügen versuchten DRG, DB und DR, den Reiseverkehr zu beschleunigen.

Typische Streckenausstattung

Um den Schnell-Fernverkehr auf der Modellbahn glaubwürdig darstellen zu können, benötigt man entweder einen großen Anlagenraum, denn in H0 sind diese Züge durchaus über zwei Meter lang, oder eine separate Paradestrecke mit einem mehrgleisigen Schattenbahnhof, der abwechselnd die jeweiligen Paradezüge der entsprechenden Epoche vorbeirauschen lässt. An dieser Strecke kann man dann stilgerechte Details wie Reichs- oder Bundesbahn-Fahrleitungen (siehe Kapitel 78), Betonschwellen mit Beton-Oberleitungsmasten, Flügel- oder Lichtsignale (siehe Kapitel 79), Tunnelportale mit Natursteinoptik oder Betonfertigteilen, Telegrafen- oder Funkmasten, einfache Zäune oder Lärmschutzwände usw. berücksichtigen.

Längenverkürzte Wagenmodelle

Zu guter Letzt bleibt noch die Frage, ob man mit maßstäblichen H0-Modellen fährt, was die Zuglänge bei vorbildgerechter Wagenreihung durchaus um einiges vergrößert, oder auf den von Märklin und Fleischmann gewählten Längenmaßstab von 1:93,5 zurückgreift. Wer wenig Platz hat, aber trotzdem alle Wagen einstellen möchte, kann auf ein großes Sortiment von 1:100-Modellen blicken. Diese Auswahl gibt es in den anderen Nenngrößen nicht, den in TT, N, Z hat man meist den Platz für lange Fernzüge, und in 1 und 0 wünscht man sich perfekte Miniaturen. Einzig bei der Gartenbahn in 2m/G müssen die vierachsigen Wagen wiederum verkürzt umgesetzt werden, da sie ansonsten das Lichtraumprofil der meisten Anlagen überschreiten würden.

Schwebebahn

Zugverkehr hängend in der Luft

22

Die Wuppertaler Schwebebahn ist seit über einhundert Jahren ein zuverlässiges Nahverkehrsmittel und lockt Touristen aus der ganzen Welt an. Daher ist es nicht verwunderlich, dass es auch entsprechende Modelle der verschiedenen Bahnen gibt, die man von der Epoche I bis in die Jetztzeit einsetzen kann. Für Modellbahner ist das Hängebahnsystem besonders interessant, da es sozusagen Bahnbetrieb in der ersten Etage ermöglicht. Allerdings ist die Umsetzung einer betriebsfähigen Anlage nur mit viel Bastelaufwand möglich, da die Stützkonstruktion nicht nur gut aussehen, sondern auch ihre Funktion erfüllen muss. In H0 ist das Gestell etwas 140 Millimeter hoch, damit unter den Bahnen noch ein Freiraum von rund 60 Millimetern verbleibt. Für Bastler sind die in Laser-cut-Technik aus Karton gefertigten Gestelle von Joswood oder die Metallausführungen von Hielscher interessant. Letzterer bietet auch Startpackungen mit allem benötigten Zubehör an.

Verfügbare Kleinserienmodelle

Die aktuellen Gelenktriebwagen GTW 2015 gibt es als Standmodelle von herpa, die über den Wuppertaler Souvenirshop vertrieben werden oder – wie auch der Kaiserwagen und der Gelenkzug von 1970 – als Grundkasten-Bausatz sowie als Fertigmodell bei Hielscher bezogen werden können. Da nur eine stromführende Schiene zur Verfügung steht, ist die Modellumsetzung mit zwei stromführenden Leitungen nicht möglich. Daher hat sich der Wuppertaler Hersteller für eine Akku-Lösung entschieden, die einen mehrstündigen Fahrbetrieb ermöglicht.

Wie bei jeder Modellbahn können die Fahrzeuge und Anlagen perfektioniert werden. So bietet sich die Bestückung der Triebwagen mit Fahrgästen oder Werbeaufdrucken ebenso an wie der Nachbau des Betriebshofes nach der Vorbild-Vorlage von Wuppertal-Vohwinkel oder architektonisch interessanter Bahnhöfe. Während es die Kehrschleifen für die zweigleisige Strecke als vorgefertigte Modelle gibt, müssen die Drehscheibe und eventuelle Weichen selbst gebaut werden. Wer mechanische Umbauten liebt, kann auch einen Aufzug konstruieren, da im Original die Werkstatt im Erdgeschoss liegt. Wer die Schwebebahn als Beiwerk und attraktiven Blickfang nutzen möchte, für den bietet sich ein kurzer Streckenabschnitt in einer Anlagenecke oder quer über einem schmalen Anlagensegment an.

Typisch für die Wuppertaler Schwebebahn ist das Gleiten über den Fluss, während die Straßenzeilen voller Leben sind und das Gewässer als Freizeitparadies genutzt wird.

Die Firma Hielscher hat sich auf H0-Modelle der Wuppertaler Schwebebahn spezialisiert.

Straßenbahnen

Auf Gleisen durch die Stadt

23

Denkt man an alte Wiking-Verkehrsmodelle oder die klassischen Hamo-Straßenbahnen, so gibt es schon lange eine aktive Szene für Nahverkehrs-Miniaturen. Doch auch der Betrieb auf engen Radien mit vielen Weichenstraßen hat seinen Reiz und benötigt im Vergleich zu einer Modelleisenbahn wenig Platz. So gibt es im Prinzip zwei Zielgruppen: die eine integriert eine Straßenbahn in ihre Modellbahnanlage, die andere betreibt eine eigene Straßenbahnanlage.

Der Gleisbau mit Rillenschienen war bis vor wenigen Jahren noch eine bauliche Herausforderung. Denn waren die Gleise und Weichen verlegt, mussten diese eingepflastert werden. Die einen ließen flüssigen Gips oder andere Gießmassen zwischen die Profile laufen, schliffen alles wieder eben, legten die Schienen frei und lackierten die hellen Flächen mit Asphaltfarbe; die anderen schnitten mit Plastersteinen geprägten Karton oder Styrodurplatten zurecht und füllten die Gleiszwischenräume damit aus. Heute kann man in H0/H0m auf das durchdachte Luna-Gleissystem von Tillig mit Pflasterstein- oder Asphaltflächen zurückgreifen. Zunächst werden dabei alle Gleise verlegt und erst im zweiten Schritt die Füllstücke mit den verschiedenen Oberflächen eingeklickt. So erhält man ein betriebssicheres Gleis, das auch leicht gereinigt werden kann, denn die kleinen Räder der Straßenbahnen sind schmutzempfindlich.

In engen Kurven durch Häuserschluchten

Letzteres Kriterium war oft auch der Grund, weshalb die Oberleitung funktionsfähig ausgelegt wurde. Man hatte so einen Pol für die Spannungszu- und beide Schienen für die -ableitung zur Verfügung. Je nach Epoche bieten Sommerfeldt und Rietze heute verschiedene Straßenbahnmasten und entsprechende Fahrdrähte an. Im Gegensatz zu Überlandstrecken reicht es aber in der Stadt nicht aus, die Fahrdrähte einfach am Mast einzuhängen, da sie gerade in engen Kurven mehrmals an Häusern oder Seitenmasten abgespannt werden müssen. Ohne Lötarbeiten lässt sich dementsprechend keine vorbildgerechte Oberleitung verlegen, weshalb diese Arbeiten erst nach der Ausgestaltung der Anlage erfolgen sollten.

Für den Fahrbetrieb stehen viele Vorbildtypen zur Verfügung. Beliebteste Modelle sind dabei die Duewag-Typen von Roco oder Lima/Rivarossi, die Zweiachser von Kato/Lemke, die modernen Bahnen von Rietze/Hödl,

Eine Straßenbahn kann als eigenständiges Thema wie auf dieser Anlage oder auch als betrieblicher Nebenschauplatz auf einer Modellbahnanlage aufgebaut werden.

die große Nahverkehrsflotte aus aller Welt von Halling/Ferro-Train oder das Angebot zahlreicher Kleinserienhersteller. Bei der Auswahl der Betriebsmodelle sollte man auf gute Fahreigenschaften achten und eventuell mit der Digitalisierung auch eine Überarbeitung des Antriebs samt Pufferbaustein vorsehen, denn nichts ist ärgerlicher, als wenn die Straßenbahn in einer schlecht zugänglichen Häuserschlucht mangels Stromkontakt stehen bleibt. Stehen bleiben dürfen die Bahnen dagegen im Straßenbahndepot, das auf wenig Platz eine große Flotte aufnehmen kann.

Ob über Land oder im Stadtverkehr: Straßenbahnen sind als Modellbahn-Thema schon immer recht beliebt.

TT – Spur der Mitte

TableTop als ideale Nenngröße

24

Die Nenngröße TT im Größenmaßstab von 1:120 und mit Gleisen in Zwölf-Millimeter-Spurweite ist zwischen den Baugrößen H0 und N angesiedelt – deshalb auch als Spur der Mitte bezeichnet – und gilt unter dem Gesichtspunkt der Platzausnutzung als die eigentlich ideale Spur. Doch durchsetzen konnte sie sich nie so richtig, weil die benachbarten Nenngrößen ganz einfach schon zu etabliert und in den Haushalten bzw. auf Clubanlagen bereits weit verbreitet waren.

Rokal und Zeuke als Wegbereiter

TT steht als Abkürzung für TableTop, übersetzt mit Tischfläche. Die ersten Bahnen in TT wurden ab 1946 in den USA gebaut. Ende der 1940er-Jahre wurde der Gedanke in Deutschland von Rokal im Westen und neun Jahre später von Zeuke & Wegwerth in der ehemaligen DDR aufgegriffen. Während das kleine Unternehmen in Lobberich nur zwei Jahrzehnte Bestand hatte, konnte das ab 1972 als Berliner TT-Bahnen firmierende Werk einen Siegeszug verbuchen, weil es mit dem sozialistischen Staatenbund ein großes Verbreitungsgebiet und damit lukrative Exportmöglichkeiten gab.

Nach der politischen Wende 1989/90 stand der TT-Betrieb in Berlin auf der Kippe, denn die Zeit volkseigener Betriebe war am Ende. Einem Intermezzo als BTTB Zeuke GmbH und des Investors Carlo Parisel sowie Kooperationsversuchen mit Bemo speziell im Schmalspursegment H0m folgte 1993 die Übernahme durch die Firma Tillig, die sukzessive die Produktion nach Sebnitz verlagerte. Tillig konnte viele Jahre unter wenig Konkurrenz produzieren und gilt heute auf dem Gebiet von TT als Vollsortimenter mit Angeboten für Gleise, Fahrzeuge und Zubehör.

Das hat sich inzwischen gewandelt, da Firmen wie Arnold, Busch, Gützold, Heris, Kres, Piko oder Roco längst TT für sich entdeckt haben und sich teilweise auch nicht vor Doppelentwicklungen im Bereich der Schienenfahrzeuge scheuen, was für Kunden natürlich von Vorteil ist. Daneben gibt es zahlreiche Kleinserienfirmen wie Beckmann, Hädl, MU-Modellbau oder Schirmer, die sich an Nischenprodukte herantrauen. Obendrein bieten Zubehörhersteller wie Auhagen, Busch oder Noch zahlreiche Ausstattungsprodukte an, die eine Anlage erst komplett machen.

Die thüringische Oberlandbahn von einem Modellbahnverein aus Pößneck ist in Nenngröße TT gebaut und bildet Teile der einstigen Reichsbahn-Strecke Triptis – Lobenstein nach.

TT-Modelle verschiedener Modellbahnfirmen wie Arnold, Hädl, Kres, kuehn, Piko, Roco und Tillig stehen heute für den Fan der „Spur der Mitte“ zur Verfügung.

Werkbahn-Anschlüsse

Einzelladungsverkehr oder Ganzzüge

25

Der Reiz der Modellbahn macht das Zusammenspiel von Reise- und Güterzügen aus. Doch woher kommen bzw. wohin sollen die Güterwagen, die in bunter Folge in mehr oder weniger langen Güterzügen über die Anlage rollen? An der Ladestraße oder am Güterschuppen (siehe Kapitel 17) können nicht alle Güter umgeschlagen werden, sodass viele Betriebe ein eigenes Anschlussgleis einrichteten. Ideal für Modellbahner ist dabei, dass manchen Unternehmen ein einziges kurzes Gleis genügte, während andere über ein weit verzweigtes Netz mit Drehscheiben oder Schiebebühnen sowie eigenen Werklokomotiven verfügten.

Als der Lastkraftwagen noch keine große Rolle spielte, hatten Fabrikationsstätten jeglicher Art, Handelsunternehmen, Fahrzeugbauer, Chemiebetriebe, Stahlwerke, Schlachthöfe, Steinbrüche oder Zechen einen Privatgleisanschluss. Die Vorschriften unterscheiden dabei zwischen Anschlussgleisen, die nicht dem öffentlichen Verkehr, jedoch öffentlichen Zwecken (Militär/Post) dienen, und Gleisen für den Privatverkehr. Dabei können sowohl Güter als auch Arbeitskräfte befördert werden. Der Anschluss erfolgt über eine Weiche oder durch Verlängerung eine Stumpfgleises im Bahnhof.

Fabrikgleisanschluss eines Chemiebetriebes, weswegen zur Sicherheit feuerlose Dampfloks eingesetzt werden, die den Rangierverkehr im Werkareal bewältigen.

Große Industrieareale können auch mit umfangreicheren Gleisanlagen zum Rangieren ausgestattet sein. Spezielle Ladehilfen wie dieser Portalkran helfen beim Frachtumschlag.

Eine Werklok erledigt den Verschub

Wenn man die Statistik von 1928 zugrunde legt, hatten die 14.146 Privatgleisanschlüsse eine Länge von 12.276 Kilometern. Daraus wird deutlich, dass dieses Thema für Modellbahner interessant ist. Eine kleine Fabrikationshalle mit Tor, ein Freiladegleis zum Kesselhaus oder eine Rampe reichen schon aus. Sind die Anlagen etwas umfangreicher, gehört ein Umsetzgleis zur Grundausstattung. Modellbahner rangieren dann natürlich mit der kleinen Werklok, die oft einen eigenen kleinen Lokschuppen hatte. Im Original verwendete Seilzuganlagen für den Verschub der Güterwagen oder Zwei-Wege-Fahrzeuge sind zumindest in den Nenngrößen von H0 bis Z für den Betrieb ungeeignet, ab der Nenngröße 0 aber recht reizvoll.

Die Bedienung des Anschlussgleises kann von der DR/DB-Lok erfolgen, die in das Werk hineinfährt, selbst Rangierarbeiten übernimmt oder die Wagen im Werkbahnhof abstellt. Bis zur Epoche IV war es seltener der Fall, dass die Werklok die Wagen im DB-Übergabebahnhof abholte. Hier sollte man auf den Zusatz „Auf DB zugelassen“ an den Modellen achten. In den Epochen V/VI sind viele Werkbahnen als Eisenbahn-Verkehrs-Unternehmen (EVU) zugelassen und fahren mit ihren oft bunten Loks auf öffentlichen Gleisen, was auch im Modell nachstellbar ist.

Z als kleinste Modellbahn

26

Winzlinge im Maßstab 1:220

Die Nenngröße Z hat im Modellbahn-Hobby immer schon eine Sonderstellung eingenommen – nicht nur, weil sie die kleinste Nenngröße bei den in Europa verbreiteten Spurweiten darstellt, sondern weil sie meist auch von nur einem Großserienhersteller bedient wird: Märklin. Geführt wird das Göppinger Sortiment unter dem Markennamen mini-club. Und dahinter verbirgt sich eine gar nicht so kleine Fangemeinde, wobei viele im „Z-Freunde International e. V." organisiert sind.

Eingeführt wurde die Nenngröße Z 1972 als Antwort Märklins an andere Hersteller wie Arnold, Fleischmann oder Minitrix, die sich N zuwendeten. Fakt ist, dass man im Maßstab 1:220 absolut vorbildgetreue Anlagen mit Bahnhöfen ohne Längenstauchungen, also beinahe ohne Kompromisse bauen kann und auch allerhand freie Strecke in die Landschaft bekommt. Zudem beleben immer schon zahlreiche Kleinserienhersteller wie Bahls, Freudenreich oder Heckl das Angebot und brachte Rokuhan kürzlich ein praktikables Gleis auf den Markt.

Z-Modelle des Maßstabs 1:220 von Märklin und verschiedenen Kleinserienherstellern

Zahnradbahnen

27

Auf Zahnstangen den Berg empor

Unter Zahnradbahnen versteht der Eisenbahner eine aus topografischen Gründen oder wirtschaftlichen Zwängen angelegte Eisenbahnstrecke zur Überwindung großer Steigungen zwischen 100 und 480 ‰, wobei die Übertragung der Fortbewegungskraft nicht unter Reibung zwischen Rad und Schiene erfolgt, sondern durch im Triebfahrzeug angeordnete Zahnräder, die in eine mittig im Gleis auf den Schwellen verlegte Zahnstange greift. Dabei haben sich im Laufe der Jahrzehnte unterschiedliche Zahnstangen-Systeme entwickelt – beispielsweise Abt, Strub oder Riggenbach –, die natürlich besonders in den alpinen Ländern Verbreitung fanden, aber auch hierzulande in gebirgigen Regionen am Rhein, im Harz, in Thüringen und Württemberg gebaut wurden.

Als Modellbahn-Thema ist die Zahnradbahn natürlich immer schon beliebt gewesen, da sie eine Besonderheit darstellt, die Anlagen-Betrachter stets verblüfft mit dem Ausruf: „Was, da kommt der Zug hinauf?" Speziell die Firma Bemo hat es in den letzten Jahrzehnten geschafft, mit einem umfangreichen H0m-Sortiment nach Schweizer Meterspur-Vorbildern das Thema in die Breite zu tragen. Aber auch die H0e-Schafbergbahn der einstigen Firma Gerard, die noch heute unter Ferro-Train verkauft wird, hat die Zahnradbahn populär gemacht. Und unvergessen bleibt wohl auch die von Fleischmann in H0 und N herausgebrachte Edelweiß-Privatbahn.

Fleischmann hat in H0 und N diverse Zahnradbahn-Garnituren im Programm.

A-, Ü- und Z-Schaltungen

Analoge Anlagen-Steuerungen

28

Wer seine Modellbahn-Anlage analog betreibt, muss bei einem gewünschten Mehrzugbetrieb dafür sorgen, dass Triebfahrzeuge oder Züge auf gewissen Abschnitten abgeschaltet und geparkt werden können. Gebräuchlich hierfür sind die sogenannten A-, Ü- und Z-Schaltungen. Nachteil aller drei Schaltungsarten sind das Verlegen vieler Meter elektrischer Leitungen und das Herrichten eines Gleisbild-Stellpultes mit den entsprechenden Schaltmitteln. Doch bis zur Einführung der Digitaltechnik vor wenigen Jahrzehnten kam kein Modellbahner um diese Technik herum. Sie wird von vielen Anwendern noch heute favorisiert.

Die A-Schaltung ist nichts weiteres als abschaltbare Gleise oder Gleisabschnitte durch einpolige Schienentrennungen im Gleis, die über einen Kippschalter überbrückt werden. Auch bei Mehrzugbetrieb genügt ein Fahrregler an der Anlage, wobei praktischerweise aber immer nur ein Zug in Betrieb sein sollte. Wechselweise können dann mehrere abgestellte Zuggarnituren über den Parcours fahren, wenn der entsprechende Abschnitt aufgeschaltet wird und der vorhergehende Zug abgeschaltet wurde.

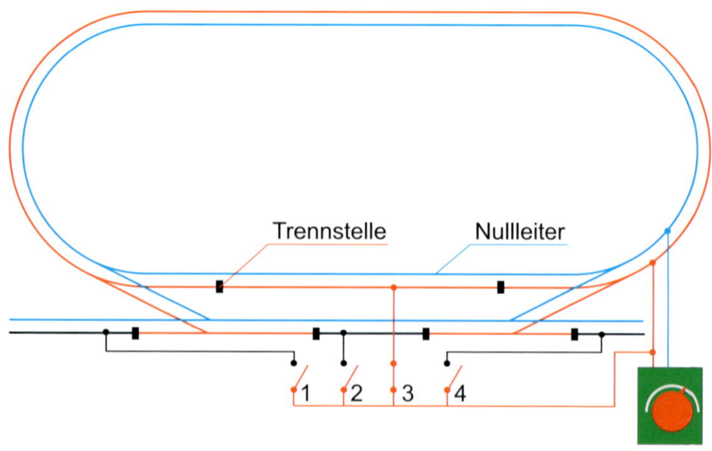

Die A-Schaltung ist für den Einsteigerbetrieb mit überschaubarem Zugverkehr gedacht.

Die Ü-Schaltung bezeichnet eine Anlage, auf der mehrere elektrisch einpolig getrennte Fahrbereiche mit je einem Fahrpult verbunden sind, sodass auf der Anlage ein Mehrzugbetrieb aufgrund des Fahrens einzelner Züge in den selbstständigen Stromkreisen möglich wird. Beim Übergang eines Zuges von einem zum nächsten Fahrbereich müssen die beiden Reglerstellungen zwingend übereinstimmen. Sind diese gegenläufig, droht beim Überfahren der Trennstelle ein Kurzschluss! Um das zu verhindern, sollte im Stellpult eine LED-Anzeige eingebaut werden, die vor dieser Gefahr warnt. Sinnvoll ist diese Schaltung beispielsweise dann, wenn der Bahnhof mit dem einen Fahrregler und die freie Strecke auf der Anlage mit einem zweiten bedient werden.

Die Z-Schaltung, bei der das Z für Zuschaltung steht, kennt keine feste Zuordnung der auch hier vorhandenen einpolig, besser aber zweipolig getrennten Fahrspannungsbereiche zu den Fahrreglern. So ist es möglich, einen Zug in allen Gleisbereichen mit einem Fahrregler zu „begleiten". Dazu werden die für die jeweilige Fahrt gewünschten Gleisabschnitte einem Fahrregler zugeschaltet. Bei Zuschaltungsoption mehrerer Fahrpulte zu den einzelnen Gleisbereichen muss gewährleistet sein, dass immer nur ein Fahrregler einem Gleis zugeordnet ist, was elektrotechnisch mit einsteckbaren Steckern im Gleisbildstellpult, mit Stufen- oder Drehschaltern beziehungsweise über Relaisschaltungen realisierbar wäre. Vorteil dieser Schaltung ist, dass mehrere Mitspieler gleichzeitig an der Anlage agieren können.

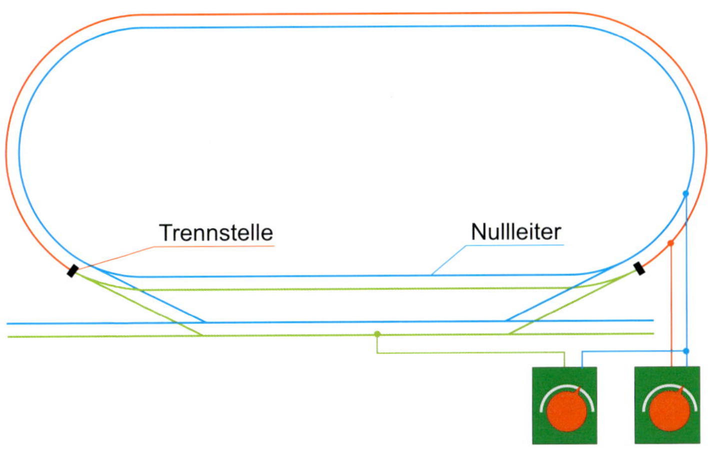

Die Ü-Schaltung ist weitaus komfortabler und gestattet den Betrieb mit zwei Fahrreglern.

Analog oder Digital?

Eine Glaubens- und Finanzfrage

29

Auch Jahrzehnte nach der Einführung der ersten digitalen Anlagensteuerungen ist die Modellbahnszene immer noch gespalten: Der eine Teil betreibt seine Anlage nach wie vor konventionell mit Analogfahrreglern, andere fahren bereits digital, aber schalten die Weichen und Signale weiterhin analog, und eine stetig wachsende Gruppe hat alle Triebfahrzeuge mit Decodern bestückt und auch schon viele Anlagenschaltfunktionen automatisiert. Ob dabei mit klassischen Reglern, dem Smartphone oder über den PC gesteuert wird, ist dabei unerheblich bzw. von der Größe der Modellbahn abhängig.

Für die Betriebsumstellung werden in der Regel die hohen Kosten für die Umrüstung der Loksammlung angeführt – ein durchaus wichtiger Aspekt, obwohl die Decoder in den letzten Jahren deutlich preiswerter wurden. Märklin-Fahrer sind da klar im Vorteil, da die Göppinger und auch alle Mitbewerber schon lange Decoder in die H0-Wechselstrommodelle einbauen, was zu einer hohen Digitalquote beim Betrieb geführt hat.

Hat man in der Vielfalt der Systeme – DCC, Selectrix oder Motorola/mfx – den richtigen Anbieter gefunden, kann man die Vorteile von Digital in Ruhe genießen: Die Fahreigenschaften lassen sich individuell einstellen, zahlreiche Lichtfunktionen schalten und – wenn man es mag – auch die Betriebsgeräusche abrufen. Der für Familien oder Clubs wohl wichtigste Grund, auf Digital umzustellen, ist die einfache Einbindung der Familie bzw. der Vereinsmitglieder in den Fahrbetrieb, wenn jeder mittels Handy, Funk- oder kabelgeführtem Handregler seine Lok steuern kann.

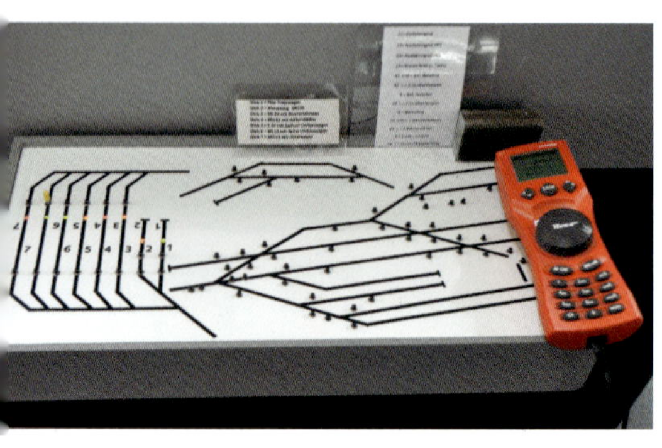

Digital über Roco-Handregler fahren, aber analog über Gleisbildstellpult die Fahrstraßen stellen, lautet das Prinzip an dieser Modellbahnanlage.

Digital-Systeme

30

Fahren mit moderner Technik

Seit den frühen 1980er-Jahren gibt es digitale Mehrzugsteuerungen. Davor gab es analog arbeitende Mehrzugsteuerungen, die jedoch wenig leistungsfähig waren. Heute kann man bis zu rund 100 Züge gleichzeitig auf den Gleisen steuern. Dabei werden Fahrspannung und -daten über die beiden Schienen zur Lok transportiert. Theoretisch reichen dafür zwei Drähte aus. In der Praxis gibt es aber wegen der Gleisbesetztmelder und der Anschlüsse von den Decodern zu den Weichen und Signalen doch mehr als die immer wieder beworbenen zwei Drähte. Allerdings ist die Verkabelung deutlich einfacher und somit auch für Laien ohne tiefgreifendes Elektrofachwissen besser beherrschbar.

Im Laufe der Jahre haben sich verschiedene Datenformate etabliert, andere sind inzwischen vom Markt verschwunden. Bei den Zweileiter-Gleissystemen sind DCC und im deutlich kleineren Umfang Selectrix (Sx) gängige Datenformate. Alte Systeme wie FMZ von Fleischmann sind vom Markt verschwunden, wobei solche Fahrzeuge aber oftmals schon über Multiprotokolldecoder verfügen und daher auch mit DCC oder Sx angesteuert werden können. DCC wurde in den 1990er-Jahren von dem amerikanischen Modellbahnverband NMRA genormt und ist daher weltweit

Digitalzentralen der Hersteller Lenz, Piko, Roco, Tams und Uhlenbrock, die einen komfortablen Zugbetrieb auf der Modellbahnanlage gewährleisten.

das dominierende Datenformat mit mehr als 200 Herstellern, die dafür Komponenten anbieten. Bei den Punktkontaktgleisen herrschen das veraltete Motorola-Datenformat und mfx vor – beide von Märklin entwickelt und teilweise auch nicht offengelegt. Für diese Datenformate gibt es aber trotzdem genug Decoderanbieter, wenn auch nicht in dem Umfang wie beim weitverbreiteten DCC-Protokoll.

Das Herzstück eines Digitalsystems ist die Zentrale, bei der die Fahrbefehle der Handregler und Stellpulte ankommen und die diese dann für den Versand auf dem Gleis aufbereitet und den gesamten Datenverkehr koordiniert. Booster verstärken den Fahrstrom und die Daten, wobei hier wegen der Sicherheit bei Kurzschlüssen die Ströme auf sinnvolle Werte wie z. B. drei Ampere begrenzt und überwacht werden. Die Lok- und Zubehör-Decoder setzen die empfangenen Daten dann in der Lok oder bei Weichen und Signalen in Fahr- bzw. Stellbefehle um. Optional können auch Rückmelder verwendet werden, die den Belegtzustand der Gleise oder die Stellung der Weichen und Signale an die Zentrale zurückmelden.

Datentransport über Bus-Technik

Der Datenverkehr zwischen den einzelnen Komponenten läuft über den sogenannten Datenbus, der aber meistens eher ein Netzwerk ist – ähnlich wie bei verbundenen Computern. Hier ist eine große Vielfalt zu finden, die historisch bedingt ist. Manche Zentralen verfügen sogar über mehrere Datenbusse und ermöglichen so den Anschluss von vielen Handreglern, Stellpulten und anderen Geräten. Auch drahtlos über WLAN können Handregler oder Tablets bzw. Smartphones mit entsprechenden Apps genutzt werden. Falls ein Computer angeschlossen ist, kann dieser mit einem geeigneten Steuerungsprogramm den Fahrbetrieb automatisch ausführen. Eine Digitalsteuerung setzt aber nicht zwingend einen Computereinsatz voraus. Gerade auch beim manuellen Fahrbetrieb entlastet die Digitalsteuerung den Modellbahner von vorbildfremden Schalthandlungen für den Fahrstrom.

Es empfiehlt sich nicht, eine Einsteigerzentrale oder veraltete Geräte zu kaufen. Oftmals sind diese ohne die sehr hilfreiche Auslesemöglichkeit für Decoder versehen bzw. die vor zehn und mehr Jahren schon veralteten Programmierverfahren werden von heutigen Decodern nicht mehr unterstützt. Besser ist es, sich bei Ausstellungen und Messen bei praktischen Anwendern zu informieren, da dort viele Vereine ihre Anlagen digital steuern. Ähnlich ist es mit Decodern, wo man nicht nur auf den Preis achten sollte, sondern mehr auf Qualität und Ausstattung mit Funktionen wie Lichteffekten und Sound.

31

Bahndienstfahrzeuge

Gelbe Engel der Bahn

Jede Bahngesellschaft und viele private Bauunternehmen halten spezielle Geräte für die Streckenunterhaltung oder für Messzwecke bereit. Während bis in die Epoche III oft ältere Fahrzeuge für bahninterne Zwecke umgebaut wurden, beherrschen heute Spezialmaschinen im gelben Farbkleid das Bild bei der DB AG, aber auch auf Privat- und Schmalspurbahnen. Märklin färbte schon vor Jahrzehnten seinen Schienenbus um und beschriftete ihn als Indusi-Messwagen, so wie er heute noch im Einsatz ist. Auch die Krane von kibri, Liliput, Märklin, Roco und Co. (siehe Kapitel 37) gab es in der auffälligen Farbgebung.

Wesentlich auffälliger sind spezielle Arbeitsmaschinen, die zunächst als rollfähige Kunststoffbausätze bei kibri erschienen und heute von Viessmann teilweise motorisiert und mit digital gesteuerten Arbeitseinrichtungen angeboten werden. So können mit dem Dynamic Stopfexpress 09-3X, dem Schienen-Stopfexpress, der Schotterverteil- und Profiliermaschine USP2000SWS und dem dynamischen Gleisstabilisator DGS62N von Plasser & Theurer gleich mehrere Fahrzeuge zur H0-Gleisunterhaltung eingesetzt werden.

Häufiger auf deutschen Gleisen anzutreffen sind der Gleiskraftwagen 54.22 mit Kran von Robel oder der Motorturmwagen MTW 100.083/1. Doch auch Spezialfahrzeuge wie Niederbordwagen mit Arbeitsbühne, die sechsachsige Materialförder- und Siloeinheit MFS 100, Zwei-Wege-Unimog mit Sprühaufsatz oder Baggeranbau sowie den bei jeder Gleisbaustelle benötigten Zwei-Wege-Bagger von Atlas findet man zum Beispiel als Bausätze bzw. H0-Fertigmodelle bei kibri/Viessmann. Den klassischen Schwerkleinwagen Skl können Brawa oder Weinert als DB- und Glöckner als DR-Fahrzeug beisteuern, doch auch das einfache Schienenfahrrad oder eine Draisine können die Szenerie beleben.

Auswahl an verschiedenen H0-Bahndienstfahrzeugen, die bunte Farbtupfer auf die Anlage bringen.

Dampflok-Sonderbauarten

Fahrzeuge, die aus der Art schlagen

32

Clymax, Garratt, Heisler, Mallet, Meyer, Shay – alles Namen für Dampflok-Sonderkonstruktionen, die für Maschinen stehen, die nicht so funktionieren, wie man es gewöhnlich kennt, also ganz normal mit Zwei-, Drei- oder Vierzylindertriebwerk über Treib- und Kuppelstangen auf ein kompaktes Räderwerk arbeitend, sondern über Getriebe. Einst brachte Rivarossi mehrere H0-Loks der Typen Clymax, Heisler und Shay heraus. Heute ist Bachmann aus den USA darauf spezialisiert. Besonders auf afrikanischen Bahnen waren einst die Garratt-Loks unterwegs, die durch zwei weit auseinanderliegende Triebgestelle mit einem verbindenden Brückenrahmen charakterisiert sind, auf dem Kessel und Führerhaus ruhen. Modelle davon sind eher selten, auch wenn Heljan und ModelLoco in 00/H0 schon damit gedient haben.

In Deutschland kennt man besonders die Sonderbauarten Mallet und Meier. Berühmteste Vertreter der Gattung Mallet hierzulande sind wohl die Lokalbahnlok „Zuckersusi“ als Baureihe 98.7 von Roco in H0 und Minitrix in N sowie die schwere, 2x4-gekuppelte Baureihe 96.0 von Märklin/Trix und Rivarossi in H0 und von Arnold in N.

Bei der Bauart Meyer sind es zwei sächsische Tenderloks, die bei Modellbahnern beliebt sind: Die „Kreuzspinne“ der Windbergbahn-Baureihe 98.0 von Gützold und Rivarossi in H0 sowie die berühmte Erzgebirgs-Schmalspur-Gattung IV K als DR-Baureihe 99.51–60, die es in verschiedenen Nenngrößen von TTe (Veit) über H0e (Bemo/Glöckner/ModelLoco/technomodell) und 0e (Henke) bis hin zu 1e (Hübner) und 2m/G (LGB) gibt.

Mallet-Tenderlokomotive der Baureihe 98.7 von Roco (rechts im Bild) und die Gützold-98.0 links als Vertreterin der Sonderbauart Meyer – beides sind H0-Modelle

Dampflok-Epochen II/III

33

Rauchende Traktion vorherrschend

Meine Kindheit liegt in der Epoche III der 1960er-Jahre. Wenn ich unseren Heimatbahnhof in Thüringens Mitte besuchte, um mit den Eltern zu verreisen beziehungsweise um Verwandte vom Zug abzuholen oder zum Zug zu bringen, rollten die Züge stets mit stark qualmenden Dampflokomotiven ein – was für ein beeindruckendes Schauspiel das jedes Mal war! Und es war die Zeit, als man als Bub auch mal auf den Führerstand klettern durfte, um sich das Höllenfeuer aus der Nähe anschauen zu können. Klar, dass man nach solchen Erlebnissen seinen Berufswunsch sofort vom Kehrmaschinenfahrer zum Lokführer wechselte.

Der Dampf auf Schienen war zu dieser Zeit einfach immer präsent, auch wenn schon vereinzelt erste Lokomotiven der Dieseltraktion Zugdienste übernahmen. In den Jahrzehnten zuvor war diese Dominanz des Dampfes noch viel stärker ausgeprägt, lagen Stadtbahnhöfe und erst recht große Bahnbetriebswerke unter dicken Rauchschwaden, die davon kündeten, dass hier Kohle und Wasser zu Energie für Eisenbahn-Transportzwecke umgewandelt wurden. Zeitgleiche Versuche mit Elektrolokomotiven und das Aufkommen von Schnelltriebzügen mit Verbrennungsmotoren ab den 1930er-Jahren wurden zwar medienwirksam ausgeschlachtet, doch der Dampf regierte allerorten.

Qualmende Loks im Bahnbetriebswerk

Modellbahner, die in jenen Jahrzehnten der Epochen II und III – also zwischen dem Beginn der 1920er- und dem Ende der 1960er-Jahre – groß geworden sind, unterliegen meist der uneingeschränkten Faszination für den Dampfbetrieb und zeigen diese Begeisterung auch unumwunden, was auch in ihren Fahrzeugsammlungen oder beim Anlagenbetrieb deutlich wird. Kennzeichen für diese Vorliebe sind meist üppig dimensionierte Bahnbetriebswerke mit Drehscheibe und Ringlokschuppen, aus deren Einfahrten Dampfloks verschiedener Baureihen herausschauen und auf ihren nächsten Einsatz warten.

Das können in der Epoche II ehemalige Länderbahn-Lokomotivgattungen sein, die nun einheitlich mit rotem Fahrwerk und schwarzen Aufbauten lackiert sind und Loknummernschilder nach dem Umzeichnungsprogramm der Deutschen Reichsbahn-Gesellschaft tragen, aber auch die sogenannten Einheitsloks aus dem DRG-Typenplan – angefangen bei der

Baureihe 01 über die Güterzuglok-Boliden der Baureihe 44 bis hin zu den Nebenbahn-Universalloks der Baureihen 64 oder 86. Auf viele dieser Lokminiaturen kann der Modelleisenbahner in sämtlichen Nenngrößen von 1 bis Z zugreifen, denn die Industrie hat über Jahre hinweg beinahe jede Dampflok-Baureihe berücksichtigt.

Neubau-Lokomotiven bei DB und DR

Das gilt erst recht für die Dampftraktion der Epoche III, die man unterscheiden muss zwischen den beiden Bahngesellschaften Deutsche Bundesbahn und Deutsche Reichsbahn – gebildet aufgrund der deutschen Teilung. Viele der Loktypen aus der Epoche II wurden von beiden Betrieben übernommen. Ausgemustert wurden lediglich veraltete Länderbahn-Gattungen oder sogenannte Splittergattungen, von denen es nur wenige Exemplare gab und deren Unterhaltung nicht mehr lohnte. Manche davon verschlug es noch zu Industriebahnen, wo sie ihr Gnadenbrot im kräftezehrenden Rangierbetrieb fristeten.

Parallel rollten bei beiden Bahngesellschaften Dampflok-Neubauten auf die Gleise wie die Baureihen 10, 23, 65, 66 und 82 bei der DB und 23.10, 25.10, 50.40, 65.10 und 83.10 bei der DR. Obendrein initiierte die Reichsbahn in der DDR ein umfangreiches Reko-Programm, in dem noch junge und technisch gut erhaltene Baureihen wie 01, 03, 03.10, 39, 41, 50, 52 und 58 mit neuen Kesseln und modernen Mischvorwärmern ausgerüstet wurden, was deren Leistungsfähigkeit erhöhen und deren Lebensdauer verlängern sollte. Insofern ist es kein Wunder, dass die DDR lange Zeit und bis in die Epoche IV hinein an der Dampftraktion festhielt und erst spät und recht zögerlich auf Elektrifizierung und Verdieselung setzte.

Für die DB war die Baureihe 38 eine typische Universallok, hier das H0-Modell von Märklin.

Kleines Nebenbahn-Bahnbetriebswerk der Dampftraktion zu Zeiten der DRG-Epoche II

Eher bei Großstadtbahnhöfen sind solch große Ringlokschuppen für Dampfloks üblich.

Königsspur 1

34

Elitäres Hobby mit Platzbedarf

Dem Modellbahnhobby der Nenngröße 1 sagt man nach, dass es ein elitäres Hobby sei. Denkt man dabei an Bockholt-Kleinserienlokomotiven ab zehntausend Euro, also im Gegenwert eines Klein-Pkw, kann man dieser Behauptung nichts erwidern. Doch haben viele Hersteller wie Märklin oder KM 1 inzwischen auch Fahrzeug-Offerten um eintausend Euro, um den Einstieg schmackhaft zu machen oder Modellbahner anderer Nenngrößen vom Maßstab 1:32 zu überzeugen. Klar ist: Je mächtiger die Schar an 1-Bahnern wird, um so erschwinglicher werden die Fahrzeugmodelle, da deren Produktionsserien größer werden, was die Fabrikationskosten und damit die Endverbraucherpreise drückt.

Elektrolokomotive der Baureihe E 44 als Märklin-Maxi-Einsteigermodell

Argumente pro 1 gibt es gar viele: Man bekommt einfach mehr Lok fürs Geld, ist in puncto Maßstab näher dran am Vorbild, erlebt Sound-, Licht- und Raucheffekte weitaus intensiver und findet an den Fahrzeugen viel mehr Details. Natürlich brauchen Anlagen in 1 mehr Platz als in H0. Doch wer mit einer kleinen Nebenbahnstation oder einem Bw zufrieden ist, kann sich hier gestalterisch austoben und detaillierter bauen als in 1:87. Wer seine Loks mehr fahren sehen möchte, kann sich an regionalen Stammtischen oder Modultreffen beteiligen. Insofern ist die Beschäftigung mit der 1 auch ein Weg zum gemeinsam betriebenen Hobby. Das Mekka der 1-Fans ist alljährlich die international ausgerichtete 1-Ausstellung im Juni im Sinsheimer Technik-Museum. Dort stellen nicht nur die 1-Produzenten ihre Neuheiten aus, nein, auch zahlreiche Dioramen und Anlagen lassen sich dort bestaunen. Deren Besitzer geben gleichzeitig Tipps, wie und mit welchen Materialien man am besten baut. Wer noch mehr Praxistipps benötigt, sollte den Münchner 1-Stammtisch ansteuern, der alle zwei Monate stattfindet und erfahrene 1-Bahner mit Einsteigern in diesem Hobby zusammenführt.

Schon teurer sind Kleinserienlokomotiven wie diese V 65 in 1 von Dingler.

35 Dieseltraktion der Epochen III/IV

Verbrennungsmotoren im Zugeinsatz

Diesellokomotiven waren über alle Jahrzehnte während der Existenz von Deutscher Bundes- und Reichsbahn präsent – egal ob auf Haupt- oder Nebenbahnen. Während bei Gründung beider deutscher Bahngesellschaften 1949 noch die Dampftraktion vorherrschte, wurde diese in den Jahren darauf mehr und mehr von in Dienst gestellten Diesellok-Baureihen verdrängt. Übernommen werden aus der Zeit der Deutschen Reichsbahn-Gesellschaft konnte nach Beendigung des Zweiten Weltkrieges nicht viel. Lediglich der V 140-Prototyp, die Wehrmachtslokomotivtypen D 311 (später V 188), WR 200 (V 20) und WR 360 (V 36) sowie die Kleinlokomotiven Kö I und II waren ernst zu nehmende Konstruktionen, auf denen ab der Epoche III aufgebaut werden konnte.

DB und DR stellten eigenständige Diesellok-Bauprogramme auf. Der Bundesbahn kam zugute, dass es genügend Hersteller im eigenen Land gab, um unabhängig von Importen zu sein. Aus diesem Grund kamen die Baureihen V 60, V 65, V 90, V 100, V 160 und V 200 recht schnell zum Zuge. Auch die DR bezog die ersten Dieselloks wie die Baureihen V 15, V 23, V 60, V 100 und V 180 aus eigener Produktion, ehe es basierend auf Beschlüssen des sozialistischen Wirtschaftsrates RGW zu Importauflagen kam, wonach aus der Sowjetunion die dieselelektrischen Baureihen V 200 (120) und V 300 (130 bis 132/142) und aus Rumänien ab 1978 die dieselhydraulische Baureihe 119 in hohen Stückzahlen eingeführt werden mussten.

Die Reichsbahn-Baureihe 132 – hier als H0-Modell von Piko – war während der Epoche IV eine wichtige Stütze im Personen- und Güterverkehr der DDR.

Keine Baureihe fehlt

Diesellokomotiven in seine Modellfahrzeugsammlung einzureihen, sollte keinem Modellbahner schwer fallen, denn in den weitverbreiteten Nenngrößen N bis H0 sind nahezu alle Baureihen vertreten. In N sind es Firmen wie Arnold, Brawa, Fleischmann, Minitrix und Piko, die den Markt bedienen. In TT sind besonders Arnold, kuehn, Piko, Roco und Tillig aktiv. H0-Bahner sollten die Kataloge von Brawa, Fleischmann, Gützold, Liliput, Märklin/Trix, Piko, Rivarossi und Roco studieren, in denen meist beide Bahngesellschaften mit Dieselloks aus den Epochen III und IV vertreten sind.

Die Baureihe V 100 – hier als H0-Modell von Brawa – ist eine Bundesbahn-Universallok, die im Personenzug- als auch Güterzugdienst gleichermaßen anzutreffen war.

Doppelstockzüge

36

Reisen auf zwei Etagen

Wer den Eisenbahnverkehr der Gegenwart hierzulande aufmerksam beobachtet, entdeckt sowohl im Fernverkehr als auch bei regionalen Zugangeboten reichlich Doppelstockzüge auf den DB AG-Strecken und in Bahnhöfen. Neueste Entwicklung ist der als IC 2 verkehrende doppelstöckige InterCity, von dem die Deutsche Bahn bei Bombardier 27 auffällig lichtgrau lackierte und mit roten Streifen verzierte Garnituren als TWINDEXX bestellt hat. Modellbahner können diese Züge inzwischen von Brawa, Märklin/Trix und Piko als H0-Modelle ordern. In N wird man bei Brawa fündig.

Weitaus umfangreicher ist die Auswahl an modernen Görlitzer Nahverkehrsdoppelstockzügen der Deutschen Bahn, die es beispielsweise in H0 von Fleischmann, hobby trade, Märklin/Trix, Piko, Ex-Sachsenmodelle und Tillig gibt. Wer das Thema DoSto-Züge historisch nachstellen möchte, findet aus zweiter Hand das Lima-H0-Modell des Doppelstock-Wagenpaares der einstigen Lübeck-Büchener Eisenbahn, wie es ab 1936 zwischen Hamburg, Lübeck und Travemünde verkehrte. Aber auch die DB-Einzelwagen der Vorbildlängen von 22,4 bzw. 26,4 Metern von Anfang der 1950er-Jahre sind im Maßstab 1:87 als Gattung DByg von Heris und als DBym von Hobbytrain und Trix verfügbar.

Lange DoSto-Garnituren auf DR-Gleisen

Weitaus vielfältiger ist die H0-Palette für DR-Modellbahnfans, denn die Reichsbahn in der DDR war Vorreiter des Doppelstock-Gedankens und ließ speziell für den Berufsverkehr in den Ballungsräumen lange Doppelstockeinheiten auf den Gleisen rollen. Neben den zwei- und vierteiligen Einheiten der Gattungen DBz und DBv, die es einst schon bei Schicht und später bei Sachsenmodelle in H0 gab und kürzlich als Neukonstruktion von Rivarossi aufgelegt wurden, bietet die Firma Piko neben den imposanten fünfteiligen Gliederzügen der Gattung DGBe12, die ab 1957 in 98 Exemplaren bei der DR in Dienst gestellt wurde, und der Bauart DGBgqe als Wendezug obendrein die ergänzenden Einzelwagen der Gattungen DGR als Buffetwagen und DDg als doppelstöckigen Gepäckwagen. Wer es kürzer mag, findet im Sonneberger Hobby-Sortiment auch Solo-Sitzwagen DBmqe mit Steuerabteil. Natürlich müssen für den Einsatz dieser Garnituren als Wendezüge auch die technisch passenden Lokmodelle ausgewählt werden.

Auf den Einsatz von Doppelstockzügen könnte die Deutsche Bahn heute gar nicht mehr verzichten, da diese bei begrenzter Zuglänge enorm viele Fahrgäste transportieren.

Eisenbahnkrane

37

Fahrzeuge mit Funktion

Besondere Schienenfahrzeuge, zumal wenn sie noch einen Mehrwert durch Spielfunktionen bieten, sind bei Modellbahnern besonders beliebt. Schon als die ersten Spielbahnen in 1 oder 0 auf den Markt kamen, gab es kleine zweiachsige Kranwagen, deren Ausleger man drehen und dessen Seil man mittels einer kleinen Kurbel anheben konnte. Als viele Modellbahner auf H0 umstiegen, wollten sie auch die Betriebsabläufe der Eisenbahnkrane darstellen können. Legendär aus dieser Zeit ist der dreiachsige Kran von Märklin, dessen Ausleger man heben und senken konnte und somit den am Seil befestigten Haken mittels einer kleinen Kurbel zu fast jedem Gegenstand im Gleisbereich führen konnte. Deutlich größer war der sechsachsige Krupp/Ardelt-Kran von Fleischmann, der an beiden Gehäuseseiten über je einen Vierkant verfügte, indem der Drehstift für die beiden Funktionen eingesteckt wurde. Die vier Stützenarme ließen sich manuell ausklappen und die Stützen ausfahren. In den folgenden Jahrzehnten brachte fast jeder Großserienhersteller und mehrere Kleinserienspezialisten neue Krane oder Umbausätze auf den Markt.

Mehr Spielspaß durch digital

Eine neue Epoche begann bei den Kranen, als Miniaturmotoren auch im Modellbau eingesetzt wurden und die Digitaltechnik die entsprechende Ansteuerung ermöglichte. Märklin nutze in H0 ab 2000 die neue Technik für den modernen „Goliath" – einen achtachsigen 150-Tonnen-Kran der Deutschen Bundesbahn. Der Aktionsradius des Hakens betrug dabei bis zu 21 Zentimeter. Während alle Funktionen digital von jeder beliebigen Stelle abrufbar waren, musste man die Stützarme weiterhin manuell ausfahren und unterfüttern. Nach dem Erfolg des modernen Fahrzeugs wurde 2018 mit dem sechsachsigen Drehkran mit Dampfantrieb der Bauart Ardelt und 57 Tonnen Tragkraft ein ansprechendes Epoche-III/IV-Modell von Märklin/Trix vorgestellt. Es verfügt nicht nur über mehrere mechanische Funktionen, wie Kranausleger über Seilrolle heben/senken sowie drehen und Kranhaken aus Metall auf/ab, sondern auch über vorbildgerechte Betriebs- und Umgebungsgeräusche, Rauchgenerator und Lichteffekte. Außerdem ist der Schornstein wie beim Vorbild für Überführungsfahrten abnehmbar. Darüber hinaus wurden für spezielle Einsätze handbediente Kleinkrane auf kurzen Fahrgestellen, Bekohlungskrane, Weichenbaukrane sowie Krane mit Magneten oder Schrottgreifern in kleineren Auflagen gefertigt. Je nach Epoche wechselte die Farbgebung von dunklen Tönen über Gelb zu den heute üblichen Rottönen.

Eisenbahnkrane gibt es in verschiedenen Längen und mit unterschiedlicher Ausstattung hinsichtlich der Bedientechnik, wobei der digitale Betrieb mehr Funktionen bietet.

Elektroloks der DB AG

38

Modernes unter Fahrdraht

Für Anhänger der elektrischen Traktion ist die Neuzeit der Epochen V und VI wohl eine der abwechslungsreichsten hinsichtlich Farben und Baureihen. Zu Beginn gab es noch die Klassiker der Bundesbahn-Baureihenfamilie 110 bis 140 mitsamt den Schwergewichten 150/151 und den schnellen 103 und 120. Hinzu kamen die von der DR übernommenen 109, 112, 142, 143 und 155. Allesamt waren sie sowohl in den Ursprungsfarben wie auch zunächst in rasch wechselnden DB AG-Farbkonzepten unterwegs. Allerdings tauchten gegen Ende der 1990er-Jahre auch die ersten Neubauloks auf und verdrängten einige Altgediente recht schnell. So musste die 103 der 101 weichen und die Altbau-Vierachser aus Ost und West den neuen 145, 146 und 185. Optisch aus der gewohnten Reihe fielen zunächst die Taurus-Versionen sowie später die gesickten 189 oder die ganz aktuellen Vectron- und TRAXX-III-Loks.

Wachablösung: Im Erzverkehr wechselten die Traktionen ab den 2000er-Jahren von der Baureihe 151 auf die 189 – natürlich mit der charakteristischen Mittelpufferkupplung.

Parade ausgewählter Elloks der Epochen V und VI: 103 (Roco), 142 (Brawa), 151 (Roco), 155 (Gützold), 143, 185 (beide Roco) und 146.5 für den IC 2 (Märklin)

Aufgrund des Aufschwungs im Güterverkehr erhielten auch die leistungsstarken sechsachsigen 151 und 155 bei der DB AG noch eine Gnadenfrist bis Ende der 2010er-Jahre, aber auch deren Reihen lichteten sich nach 2000 rascher als von manchem Fan erhofft. Glücklicherweise überleben etliche Exemplare bei privaten Bahnen. Die S-Bahn-tauglichen 111 und 143 überlebten ebenfalls länger als gedacht, weil man auf sie beim Vorbild bis Mitte der 2010er-Jahre nicht verzichten konnte. Ein weiteres Novum der aktuellen Epochen, das vor allem die Sammler begeistern dürfte, ist der Hang zur großflächigen Dekoration der Außenflächen der Loks sowohl im Personen- wie auch im Güterverkehr. Dieser sorgt für eine große Vielzahl an im Modell umzusetzenden Varianten, worunter sich einige auch künstlerisch sehr anspruchsvolle Motive befinden.

H0-Sammler konnten diese Veränderungen im Sammelgebiet zunächst nur verzögert miterleben, weil es den etablierten Herstellern zunächst an Mut zur Moderne fehlte. Allerdings hat sich diese Entwicklung in den letzten Jahren dahingehend verändert, dass manche Lok im Modell unter Umständen schneller betriebsbereit ist als ihr Pendant beim Vorbild. Als Beispiel dafür seien die Mehrsystem-Baureihen 147 und 187 genannt.

39 Erfolgreiche und floppende Modelle

Was verkauft sich und was nicht?

Ob ein von der Modellbahn-Industrie hergestelltes Modellbahn-Fahrzeug bei den Kunden ankommt oder in der Akzeptanz durchfällt, hängt nicht vordergründig von der Produktqualität oder von einer wirklichkeitsgetreuen Umsetzung ab, sondern eher davon, wie populär es ist, sprich, wie viel Aufsehen es im Original derzeit erregt oder in der Eisenbahngeschichte erregte. In der Hobbyszene spricht man gern von sogenannten Brot-und-Butter-Modellen, also Fahrzeugen, die einfach zu jeder Sammlung dazugehören bzw. auf jeder Anlage fahren sollten. Das ist natürlich ganz verschieden und besonders abhängig davon, welche Epoche der jeweilige Modellbahner favorisiert. Nehmen wir mal die Epoche V als Beispiel, also die frühe Zeit der Deutschen Bahn AG, die ja Anfang 2019 25 Jahre bestand.

Was aus jener Zeit jeder Modellbahner haben muss, ist eine moderne Ellok der Baureihe 101, die beim Vorbild Mitte der 1990er-Jahre die legendäre DB-Baureihe 103 im Schnellverkehr ablöste und auf den Fernverkehrsstrecken Zug um Zug allgegenwärtig wurde. Und nicht wegzudenken aus jenen Jahren ist der in Deutschland aufkeimende Hochgeschwindigkeitsverkehr mit dem InterCityExpress. Aber es gab auch Flops, wenn man sich beispielsweise an den 1996 in Dienst gestellten und hier in H0 abgebildeten CargoSprinter erinnert, der als Containertransport-Triebzug den Güterverkehr mit Wechselbehältern rationeller gestalten sollte. Und das schlägt sich auch im Modellbahnsortiment nieder: Während es Modelle von Baureihe 101 und ICE in allen Spielarten und über sämtliche Nenngrößen hinweg gibt, ist der CargoSprinter von Märklin/Trix längst in der Versenkung verschwunden. Auch als LGB-Gartenbahnmodell gab es ihn.

Der CargoSprinter der Deutschen Bahn war ein gut gemeinter Versuch, den Containerverkehr zu rationalisieren; Märklin/Trix boten ein entsprechendes H0-Modell an.

Fahrzeug-Kuriositäten

40

Schienengefährte zum Staunen

Die drei abgebildeten zweiachsigen Fahrzeuge sind durchaus fahrtauglich – zumindest im Original. Der im Maßstab 1:22,5 für 30-mm-spurige Gleise gebaute Strüver-Schienenkuli der Firma Regner hat werkseitig sogar einen Antrieb samt eingebautem Geräuschdecoder, womit er knatternd über die Anlage fährt. Der orangefarbene DR-Rottenkraftwagen Skl ist ein H0e-Fahrzeug der Firma profi modell thyrow. Unter dem Ladegut verbirgt sich ein kleiner N-Motor, der über ein gering übersetztes Getriebe beide Radsätze antreibt. Noch eine Nenngröße kleiner, nämlich nur im Maßstab 1:120, ist das Schienenmoped mit der Bezeichnung Gleiskraftrad GKR Typ 2 umgesetzt, das die Firma Kres als kurioses TT-Fahrzeug anbietet. Das Original aus den 1950er-Jahren basierte auf einem Simson-Roller des Typs KR50. Mit derlei Schienenraritäten bringt man Besucher von Modellbahn-Ausstellungen schnell zum Staunen. Ob eine einfache Handhebeldraisine aus einem Kunststoffbausatz, mit Figuren drapiert vor einem kleinen Schuppen einer Bahnmeisterei, oder der aus einem Weinert-Metallbausatz aufwändig montierte und liebevoll lackierte und dekorierte Vomag-Schienen-Lastkraftwagen auf Inspektionsfahrt auf der Nebenbahn – solche originellen Szenen bringen Würze auf die Modellbahnanlage!

Drei kuriose Zweiachs-Schienenfahrzeuge von Regner für die Gartenbahn, von pmt für H0e-Anlagen (Mitte) und von Kres als antriebsloses Dekorationsobjekt in 1:120

Güterwagen

Mit Frachten durch Europa

41

Fragt man Modellbahner nach der Epoche ihrer Anlage, kommt die Antwort meist wie aus der Pistole geschossen: DB-Epoche III. Einige wenige würden die Antwort entsprechend mit DR oder einer anderen Epoche geben. Aber immer wird die entsprechende Bahnverwaltung genannt, die zum Anlagenthema bzw. zu der landschaftlichen Gestaltung passt. Fachhändler können dieses Aussage bestätigen, denn der jeweilige Modellbahner kauft dann auch nur DB-Fahrzeuge der Epoche III. Wagen mit DSB-, FS-, NS-, NSB-, PKP-, SJ- oder SNCF-Beschriftungen der entsprechenden Epoche (siehe Kapitel 12) sind bzw. waren hierzulande nahezu unverkäuflich.

RIV-EUROP und OPW

Schaut man sich hingegen historische Aufnahmen von Güterzügen an, sind DB-Wagen oft sogar in der Unterzahl. Ganz anders in den Modellgüterzügen, hier werden lieber mehrmals die gleichen Typen mit identischer Beschriftung eingestellt, anstatt den gleichen Typ, aber von einer anderen Bahnverwaltung einzureihen. Denn um Leerfahrten von Güterwagen zu vermeiden, wurde 1951 von den westeuropäischen Eisenbahnen der RIV-EUROP-Wagenpark gebildet. Er erlaubt es, den Mitgliedsbahngesellschaften, Güterwagen anderer Länder wie eigene nutzen zu können. Speziell für Kühlwagen wurde die INTERFRIGO ins Leben gerufen. Die Staatsbahnen in den sozialistischen Ländern hatten 1964 mit dem OPW-Wagenpark eine ähnliche Organisation gebildet.

Internationaler Güterzug mit Wagen der Bahngesellschaften SNCF, SBB, DB, NS, SNCF, ÖBB und CFL

Die Beschriftungen dieser Verbände tragen auch die meisten Modell-Güterwagen und sind daher auch länderübergreifend nutzbar. Ausnahmen gibt es nur bei einzelnen, meist älteren Wagengattungen und Bahndienstwagen, die nur im jeweiligen Herkunftsland eingesetzt werden können. Heute regelt die UIC-Güterwagennummer die internationale Verwendbarkeit durch die ersten zwei Ziffern, die vor der Länderkennung (80 für Deutschland) stehen. Diese von H0 bis Z kaum erkennbare Zahl spielt daher ab der Epoche IV auf der Modellbahn kaum noch eine Rolle – ganz im Gegensatz zur Epoche III, wo man die Kürzel RIV, EUROP oder OPW auch ohne Lupe gut an den Aufbauten erkennen konnte.

Die Anschriften RIV-EUROP und EUROP erlauben den internationalen Einsatz derart beschrifteter Güterwagen.

Bremsecken am Wagenkasten

Ein ebenso gern vergessenes Symbol sind die früher genutzten Bremskennzeichen, die vielen Modellgüterwagen als Abziehbilder beiliegen, aber selten aufgebracht werden. Da andere Hersteller diese vorbildgerecht gleich aufdrucken, sollte jeder die Bedeutung kennen: Ein weißer Strich an der Wagenecke bedeutet Druckluftleitung vorhanden, zwei Striche stehen für Druckluftbremse Kunze-Knorr G, zwei Striche mit unten spitz zulaufendem stehen für Druckluftbremse Kunze-Knorr P, und drei Striche mit unten spitz zulaufendem steht für Druckluftbremse der Bauarten Knorr oder Westinghouse. Aus diesen Symbolen der Epoche II entstanden die DB-Symbole mit einem (nur Hauptluftleitung), zwei (international zugelassene Gz-Bremse) und drei Strichen (Gz-Bremse, die den Bedingungen im internationalen Verkehr nicht voll entspricht).

Dezent gealterte offene Güterwagen mit Bremsecken und OPW-Anschriften auf einer DR-Anlage mit Motiven des Westerzgebirges

Ältere Kesselwagen sollten mit Ölspuren versehen werden, die beim Einfüllen entstanden sind und sich von oben bis unten über den Kessel ziehen.

Schmutz und Alterungsspuren

Während Lokomotiven und Reisezugwagen regelmäßig gereinigt werden, sind die Güterwagen meist mit unterschiedlich starken Gebrauchsspuren unterwegs, die man auch im Modell darstellen sollte. So sind zum Beispiel Kohlewagen immer mit schwarzem Staub bedeckt, Zementwagen dagegen eher grau und Kesselwagen der Epochen II bis IV immer mit einem Ölfilm zu beobachten. An geschlossenen Güterwagen wurden einzelne Holzbretter getauscht oder Blechplatten erneuert sowie Roststellen ausgebessert. Die Lackierung ähnelt daher oft einem Flickenteppich, den es mit verschiedenen Farben zu gestalten gilt. Mit Puderfarben kann man dagegen leicht den Bremsstaub am Fahrgestell und die Verschmutzung des Dachbereichs nachbilden. Der eigenen Kreativität sind dabei kaum Grenzen gesetzt, nur die Beschriftungen sollte man möglichst lesbar halten.

Kurzkupplungen

42

Vorbildgerechtes Puffer-an-Puffer-Fahren

Inzwischen gehört es auch auf kleineren Anlagen zum guten Ton, Wagen im Zugverband Puffer an Puffer zu fahren – so wie beim Vorbild. Neben der bereits seit gut zwei Jahrzehnten üblichen Kurzkupplungskulisse benötigt man dafür aber auch passende Kurzkupplungen. Die ersten bot Roco für seine H0-Schnellzugwagen an. Sie kuppeln leicht ein, vertragen hohe Zugkräfte und lassen sich durch einfaches Anheben der Waggons auch leicht ohne Hilfsmittel trennen. Nachteilig ist das allerdings, wenn man auf Anlagen fährt, die unsaubere Übergänge zu Neigungsstrecken oder Nachbarsegmenten aufweisen – dann kann es an solchen Stellen zu Zugtrennungen kommen. Gleiches gilt für die Profi-Kurzkupplungen von Fleischmann.

Abhilfe schaffen in solchen Fällen die Universal-Kurzkupplungen von Roco sowie die konstruktiven Nachbauten aus dem Hause ESU. Sie erlauben den sicheren Betrieb auch längerer Zuggarnituren, tragen allerdings etwas klobiger auf. Das gilt auch für die ähnlichen Märklin-Kupplungen. Damit es in engen Gleisbögen nicht zum Aushebeln von Waggons durch die Kupplungen kommt, sind Märklins Fahrzeuge mit etwas höher angesetzten Puffern ausgestattet. Jüngste Kurzkupplung ist eine Neuentwicklung von Liliput. Sie greift die Vorzüge von Roco und Märklin auf und versucht im Gegenzug, deren Nachteile durch die Bauform auszugleichen. Allen drei ist gemein, dass sie sich nur schlecht ohne Hilfsmittel trennen lassen. Zum sichereren Betrieb beleuchteter Züge gibt es einige H0-Kurzkupplungen auch leitend, etwa jene von ESU, Fleischmann oder Krois. Auch in kleineren Nenngrößen werden Kurzkupplungen offeriert, so von Tillig für TT oder von Hammerschmid für N.

Puffer-an-Puffer-Fahren mit Fleischmann-H0-Kurzkupplungen, was nur gut funktioniert, wenn die Gleise sauber verlegt sind.

H0-Kurzkupplungen (von links): Märklin stromführend, Märklin, Roco-Universal, Liliput, Roco, Fleischmann

Kleinserien-Manufakturen

43

Edles aus Handwerksfertigung

Das Gros an rollendem Material, das Modellbahner zuhause oder im Verein in Vitrinen stehen oder auf Anlagen rollen haben, stammt aus industrieller Fertigung mittelständischer Unternehmen – angefangen von A.C.M.E. über Märklin bis hin zu Roco. Doch daneben gibt es zahlreiche kleine Werkstätten, die sich auf ganz bestimmte Nischen spezialisiert haben, also auf Modelle nicht so bekannter Lokomotivgattungen und -baureihen oder auch Wagen, an die sich große Firmen aufgrund des unkalkulierbaren Verkaufserfolgs nicht heranwagen würden. Der Begriff Kleinserien für diese Nischenhersteller erklärt ja schon, dass hier wirklich nur wenige Exemplare eines Fahrzeugs entstehen. Bei H0 kann das durchaus in die Hunderte gehen, bei 1 hingegen gibt es Kleinstauflagen mit manchmal nur einem Dutzend Modelle. Allen gemeinsam ist eines: der relativ hohe Preis.

Die besten Stücke einer Sammlung

Unterscheiden muss man bei den Kleinserienfirmen zwischen Bausatzanbietern und Herstellern von Fertigmodellen, wobei manche Marke auch beides anbietet. Ganz unterschiedlich sind zudem die Philosophien hinsichtlich der verwendeten Materialien. So schwört Kleinserienhersteller RST-Modellbau aktuell bei seinem H0-Verschlagwagen-Bausatz auf Kunststoffteile, während hochwertige H0-Lokmodelle von Herstellern wie Eisenbahn Canada, Fulgurex, Lematec, Micro-Metakit oder Weinert aus Bronze-, Kupfer-, Messing-, Neusilber- und Stahlteilen bestehen, die verlötet oder verschweißt werden, ehe sie mit edlen Lacken versiegelt und mit Anschriften und Zierlinien versehen werden. Für manche Modellbahner sind solche Pretiosen die besten Stücke in der Sammlung, andere würden nicht im Traum daran denken, so viel Geld für Modellbahn auszugeben. Jeder lebt sein Hobby eben anders aus.

Lokomotiv-Bausätze von Weinert oder ModelLoco sind anspruchsvolle Modellbau-Projekte, da alles aus Einzelteilen und Antriebsbaugruppen montiert und anschließend lackiert und beschriftet werden muss, was viel Erfahrung voraussetzt.

Echtdampf-Modelle

44

Mit Volldampf über die Anlage

Als unsere Urgroßväter mit der Eisenbahn spielten, waren Uhrwerksbahnen oder mit den verschiedensten Brennstoffen angetriebene Modelllokomotiven die Regel. Doch durch Unachtsamkeit bestand stets die Gefahr von Wohnungsbränden, wenn eine Echtdampflok entgleiste, zumal man weder die ungefährlichen Uhrwerksbahnen noch die Echtdampfloks feinfühlig steuern konnte. Nach der Einführung des elektrischen Stroms gerieten die Live-steam-Maschinen fast in Vergessenheit. Nur eine kleine Gruppe Modellbahner und wenige Hersteller hielten an dieser Technik fest, bevorzugt in 2/2m und 1.

Pflegeleichtere Gasfeuerung

In Deutschland verhalf Regner den Echtdampfloks zu einer gewissen Verbreitung, zumal man auf den meisten Publikumsmessen mit einem Stand vertreten war, auf dem es stets zischte und qualmte. Die meist als Bausatz angebotenen Maschinen können auch von technisch begabten Einsteigern montiert und in Betrieb genommen werden. In der optischen Qualität erreichen die ab Werk lackierten Loks die Qualität von Großserienmodellen. Anspruchsvoller sind die Modelle von Aster, Herrmann,

Live-steam-Loks wie diese sächsische I K von Accucraft/MBV Schug fahren wie das Vorbild mit Dampf und müssen regelmäßig mit Brennstoff versorgt werden.

Solche Mitfahr-Eisenbahnmodelle laufen meist auf einer Spurweite von 5 1/4 Zoll und sind vielerorts in speziellen Parks zu finden, aber auch als mobile Ausstellungsanlagen.

KM 1, Reppingen, Roundhouse, Wyco oder anderen Herstellern, die meist auf eine Gasfeuerung des Kessels setzen. Diese ist im Gegensatz zu den mit echter Kohle gefeuerten Modellen von Kolb äußerst pflegeleicht. Wenn man nicht hinter der Lok herlaufen und die Hebel im Führerstand bedienen möchte, sollte man auf jeden Fall Servos einbauen und diese über eine zuverlässige Funkfernsteuerung regeln.

Sicherheitscheck vor dem Anheizen

Vor dem Anheizen müssen stets alle Schraubverbindungen überprüft, Heißdampföl und Wasser eingefüllt sowie die Schmierstellen mit Öl versorgt werden. Dann kann der Gasregler geöffnet und der Brenner gezündet werden. Je nach Außentemperatur beginnt nun die mehrere Minuten dauernde Aufwärmphase, bis der gewünschte Kesseldruck erreicht ist. Setzt man die Lok feinfühlig mit geöffnetem Regler in Bewegung, hängt es vom Geschick des Lokführers ab, wie lange man den Fahrspaß mit einer Kesselfüllung genießen kann. Bei guten Modellen sollte der Brennstoffvorrat vor dem Wasservorrat aufgebraucht sein, damit keine Schäden am Modell entstehen. Trotz dieses Sicherheitsaspektes sollte man während eines Haltes ab und an auf den Wasserstandsanzeiger schauen. Wenn man sich mit der Technik vertraut gemacht hat, bieten Live-steam-Modelle puren Fahrspaß und ein echtes Eisenbahnerlebnis, das durchaus im Parallelbetrieb mit elektrischen Fahrzeugen genossen werden kann. Der Vollständigkeit wegen seien aber auch die sogenannten Mitfahr-Eisenbahnen auf größerer Spur erwähnt, die ebenfalls Echtdampf-Bahnen sind.

Mythos Rheingold

Luxuszug für Preiserlein

45

Vom berühmten „Rheingold", dem Luxuszug, der einst die Niederlande mit der Schweiz verband, hat sicher jeder Eisenbahnfreund schon gehört oder auch Filme darüber gesehen. Zwischen den beiden Weltkriegen entwickelte sich ein Bedarf für Reisende, die nicht nur von A nach B kommen, sondern während der Fahrt auch etwas erleben wollten, sei es ein gutes Essen oder eine attraktive Landschaft. Mit dem ersten „Rheingold" von 1928, dem Fernzug „Rheingold-Express" von 1951, dem mit neuem Wagenmaterial ausgestatteten „Rheingold" von 1962, dem TEE von 1965 oder dem letzten Zuglauf von 1987 wurde jeweils Geschichte geschrieben, die man gern im Modell dokumentieren möchte.

Beliebtes Thema für Modellbahnfirmen

So verwundert es nicht, dass alle renommierten Modellbahnhersteller die einzelnen Züge, ausgewählte Wagen oder Lokomotiven im Angebot hatten. So gab es die Epoche-II-Garnitur zum Beispiel in H0 von Liliput und Märklin/Trix sowie in N von Arnold und Hobbytrain. Da einige Wagen im Original erhalten blieben, kann man diese selbst in der Epoche VI noch einsetzen. Gleiches gilt für Modelle des Buckelspeisewagens WR4üm-62 oder des Aussichtswagens AD4üm-62 mit seiner charakteristischen, gläsernen Dachkanzel.

Ob man maßstäbliche Modelle in den einzelnen Nenngrößen von 1 bis Z einsetzt oder die längenverkürzten H0-Modelle in 1:100 oder 1:93,5 bevorzugt, ist den jeweiligen Platzverhältnissen geschuldet. Auf besondere Details an den Wagen muss man aber nicht verzichten, da die Inneneinrichtung, die Platzleuchten und andere Details von fast allen Herstellern umgesetzt wurden und insbesondere in der Dämmerung gut zur Geltung kommen.

Historischer „Rheingold" als Tin-plate-Modell in 0 von Märklin

H0-Garnitur des „Rheingold“ der Deutschen Bundesbahn mit RUCO-Wagenmaterial und von Bienengräber umlakierter Märklin-E 10

Im Jahre 2000 erschienenes Märklin-H0-Zugset des „Rheingold“ nach dem Vorbild von 1928, das bei Sammlern meist in der schmucken Originalverpackung verbleibt.

Rangierzwerge

Kleinlokomotiven Köf & Co.

46

Bereits in der Epoche II wollte die Deutsche Reichsbahn den Verschiebebetrieb in kleineren und mittleren Unterwegsbahnhöfen rationell gestalten. Für die wenigen Rangierarbeiten, oft mit mehreren Stunden Unterbrechung, waren die vorhandenen Dampfloks nicht wirtschaftlich. Nach verschiedenen Experimenten setzte sich ab 1934 die Kö I (DB-Baureihe 311/DR-Baureihe 100.0) als Einheitskleinlokomotive durch. Da deren Leistung oft zu gering war, wurde parallel die Kö II bzw. Köf II (DB-321–324/DR-100.1–9) entwickelt. Ab 1959 folgten die umgangssprachlich als Köf III bezeichneten Nachfolger, die offiziell aber als Köf 10 (331), 11 und 12 (332/333/335) von der DB in Dienst gestellt wurden. Zusätzlich gab es noch viele Sonderbauarten und von Privatbahnen in den Bestand übernommene Fahrzeuge, die als Kleinserienmodelle angeboten werden.

Kleinlokomotiven der Leistungsklassen I, II und III als 0-Lok von Lenz, H0-Lok von Piko (Mitte) und 1:87-Modell von Roco

Kleindieselloks in allen Nenngrößen

Fast alle Modellbahnhersteller bieten in den verschiedenen Nenngrößen die Einheitskleinlokomotiven an. Selbst auf Meterspur umgebaute Exemplare gibt es noch heute im aktiven Dienst zu erleben und im Modell zu kaufen. Damit man den Verschub von Güterwagen realistisch darstellen kann, sollte auf eine gute Stromabnahme von allen Rädern, eine hohe Gesamtmasse und einen eingebauten Speicherkondensator geachtet werden. Einige Hersteller bieten außerdem eine Rangierkupplung an. Für Sammler der Rangierzwerge erscheinen regelmäßig Farbvarianten von Privat-, Museums- und Werkbahnen, die die Loks bis heute im aktiven Dienst einsetzen.

Nicht nur zum Rangieren, sondern auch zum Ziehen von kurzen Übergabezügen taugt eine Kleinlokomotive, auch wenn ihr Leistungsvermögen begrenzt ist.

Rollböcke und Rollwagen

Aufgeschemelte Regelspurwagen

47

Rollfahrzeuge sind spezielle Transportmittel für den Güterverkehr auf Schmalspurbahnen. Sie dienen zur Aufnahme von regelspurigen Güterwagen mit dem Zweck, aufwändige Umladearbeiten zwischen diesen und schmalspurigen Güterwagen zu umgehen. Rollfahrzeuge ermöglichen also die durchgehende Beförderung von normalspurigen Güterwagen auf 1.000- oder 750-Millimeter-spurigen Schmalspurbahnen bis hin zum Frachtempfänger in Bahnhöfen oder Industrieanschlüssen. Werden Rollfahrzeuge eingesetzt, muss die Lichtraumumgrenzung beachtet werden – heißt: Alle Durchfahrten auf den freien Strecken und in den Stationen müssen für das breitere und höhere Umgrenzungsprofil eines aufgeschemelten Güterwagens ausgelegt sein. Besonders bei Tunneln, auf Brücken und im Bereich von Bahnsteig-Überdachungen kann es da zu Komplikationen führen, auch im Modellbahnbetrieb! Noch heute sind auf einigen Schmalspurstrecken in Sachsen und im Museumsbahnhof Bruchhausen-Vilsen Rollfahrzeuge und deren Verladeanlagen zu entdecken. Moderne Vevey-Rollböcke wurden zuletzt im Zillertal und bei den Harzer Schmalspurbahnen eingesetzt.

Zwei Systeme für denselben Zweck

Die Rollfahrzeuge und deren Einsatz unterscheiden sich in zwei grundlegend verschiedene Typen bzw. Betriebsformen: Rollböcke waren zuerst üblich und besitzen zwei Achsen und einen mittig zur Aufnahme gelagerten Drehschemel mit zwei abklappbaren Tragklauen, die der Aufnahme eines Regelspurradsatzes eines Normalspurgüterwagens dienen. Die aufgebockten Wagen werden meist über die Schraubenkupplungen wie im regulären Betrieb auf Vollspurbahnen verbunden. Zwischen Lok und erstem Rollbockpaar war es auf einigen Bahnen üblich, einen sogenannten Pufferwagen einzusetzen, der neben der Schmalspur-Mittelpufferkupplung auch Regelspur-typische Hülsenpuffer aufweist. Aber auch das Kuppeln mit Kuppelbäumen ist nachgewiesen. Zum Aufbocken der Wagen benötigt man eine Rollbockgrube.

Rollwagen gibt es seit Beginn des 20. Jahrhunderts. Sie bestehen aus einem durchgehenden flachen Brückenträger, der auf zwei zwei- oder dreiachsigen Drehgestellen ruht. Die befahrbare Bühne entspricht im Prinzip zwei Schienen im Abstand des Regelspurmaßes. Die Arretierung des aufgeschemelten Normalspurwagens geschieht mit Sicherungselementen wie Keilen, Klammern und Ketten. Die Verbindung von beladenen Rollwagen untereinander erfolgt über Kuppelbäume, deren Länge davon abhängt, wie weit die verladenen Güterwagen auf den Rollwagen überstehen. Beim Verladen an der Rollwagenrampe werden die Rollwagen zu einer befahrbaren „Bühne" zusammengeschoben und von der regelspurigen Rangiereinheit ohne die Rangierlok befahren. Die Einzelwagen werden nacheinander auf den Rollwagen ausgerichtet, gesichert und die Rollwagen nacheinander von einer gekuppelten Schmalspurlok abgezogen und mit Kuppelbäumen zu einer Zugeinheit komplettiert.

Rollfahrzeuge von H0 bis 2

Die Firma Bemo ist in H0e der Wegbereiter in Sachen Rollböcke nach württembergischem Vorbild; sogar eine praktikable Rollbockgrube wird angeboten. Umfangreicher ist die Auswahl an H0m/e-Rollwagen, denn Glöckner, Liliput, Roco, technomodell/pmt und Weinert bieten passende Fahrzeuge nach unterschiedlichen Vorbildern an. In der eher seltenen Nenngröße TTe kann man bei der Firma Klunker ein Rollbockpaar ordern. In 0e ist es die Berliner Firma Henke, die Rollböcke als auch Rollwagen in Bausatzform und als Fertigmodelle offeriert. In 1e gibt es eine Rollbockgrube der Firma Feld- und Großbahn sowie Rollbockmodelle von KM 1. 1e-Rollwagen gab es früher bei Hübner und sind aktuell bei Feld- und Großbahn angekündigt. Belebung erfuhr dieses Thema jüngst im Segment der 2m-Gartenbahn, denn sowohl LGB/Märklin als auch TrainLine 45 haben kürzlich Rollwagen aufgelegt. Rollböcke in 2m gibt es bei TrainLine 45 und bei Modelbouw Boerman.

Rollbockverkehr auf der Gartenbahnanlage mit 2m/G-Modellen von Boerman/ TrainLine 45; auch wenn diese Fuhre kippelig wirkt, funktioniert das System zuverlässig.

Schneepflüge und -schleudern

Fahrzeuge für den Winterdienst

48

Schneepflüge erfüllen auf der Modellbahn zwei komplett verschiedene Aufgaben, abhängig von der Nenngröße. Denn von 0 bis Z wird in der Regel nur in geschlossenen Räumen Betrieb gemacht, wo selten echter Schnee fällt. Dagegen betreiben Modellbahner auf 45 Millimeter breiten Gleisen in 1 oder 2m/G oft Gartenbahnen, die durchaus auch im Winter genutzt werden können. Hier muss der Schneepflug nicht nur optisch ansprechend aussehen, sondern auch seine Funktion erfüllen. Mit den 2018er-Neuheiten von Piko und Märklin ist das durchaus möglich, wenn der Neuschnee nicht allzu feucht ist. Piko stellte auf Basis eines dreiachsigen Tenders einen Schneepflug vor, der in Verbindung mit einer möglichst mehrachsigen Lok und eventuellen Ballastgewichten die Strecke räumen kann.

LGB präsentierte ein Metallmodell der RhB-Dampfschneeschleuder Xrot 9213, das zwar vorbildgerecht aussieht und zahlreiche Funktionen hat, aber aufgrund der Einstufung als Spielzeug aus Sicherheitsgründen den funktionsfähigen Schleudervorgang nicht wirkungsvoll umsetzen darf. Hier ist der Bastler gefordert, das Modell so umzubauen, dass auch höherer

Schneepflug an einem Tender preußischer Bauart als 2m/G-Modell von Piko

Dampfschneeschleuder nach einem Vorbild der Rhätischen Bahn von LGB für Gartenbahnanlagen (oben)

Eigenbau eines wirkungsvollen Vorsatz-Schneepflugs im Wintereinsatz (links)

Schnee vorbildgerecht neben das Gleis geschleudert wird. Wer diesen Umbau scheut, kann auf funktionsfähige Kleinserienmodelle zurückgreifen oder einen einfachen Schneepflug an einen Güterwagen oder ein Drehgestell anbauen, so wie es die Schmalspurbahnbetriebe oft gemacht haben. Da die Modelle nur wenige Tage im Jahr unter realen Bedingungen eingesetzt werden können, sollte man diese Tage mit ausgiebigen Schneeräumfahrten trotz der Kälte im Freien genießen.

In den kleineren Nenngrößen werden die Schneepflüge und -schleudern dagegen in erster Linie auf Abstellgleisen zu finden sein, wo sie als attraktiver Blickfang auf den nächsten Einsatz warten. Im Herbst können dann auch die ersten Probe- oder Überführungsfahrten der Groß- oder Kleinserienmodelle stattfinden, damit sie zumindest etwas Auslauf haben.

Tiefladewagen

Die Langen bei der Bahn

49

Tiefladewagen sind für alle übergroßen und schweren Güter entwickelt worden, die sich mit normalen Güterwagen aufgrund des Gewichts oder des vorgegebenen Lichtraumprofils nicht befördern ließen. Die früheren Wagengattungen St bzw. SSt und heutigen Ui gehören fast alle unterschiedlichen Bauarten an und reichen vom zweiachsigen Tiefladewagen bis hin zum 36-achsigen Tragschnabelwagen.

Den ersten Kontakt mit Tiefladewagen haben wohl die meisten Modellbahner durch die legendären Märklin-Modelle 4617 und 4618 in H0 bekommen. Die 250 Millimeter langen Sechsachser aus Metall waren ab Werk entweder mit einem Transformator oder einer Kiste aus Kunststoff beladen. Da diese nur aufgesteckt waren, konnte man mit diesen Güterwagen richtig spielen und so manch andere Ladung transportieren.

Noch etwas größer war das achtachsige, mit einer Turbine beladene Fleischmann-Modell 5299 oder der Roco-Tiefladewagen 4351. Da diese Fahrzeuge vor weit über dreißig Jahren in fast jedem Modellbahnzimmer vorhanden waren, sind sie noch heute oft auf Börsen und Auktionen preiswert zu finden. Der große Verteil dieser Modelle ist, dass sie das normale Lichtraumprofil der Modellbahnanlage einhalten und keine Oberleitungsmasten, Signale oder Tunnelportale streifen.

H0-Modelle von mehrachsigen Tiefladewagen von Liliput (Mitte) und kibri mit Generator, Trafo und Castor-Behälter als Ladegut

Fahrzeuge mit Lademaßüberschreitung

Bei der Deutschen Bahn werden einige Transporte mit Lademaßüberschreitung (Lü) über spezielle Strecken gefahren, da auch diese Fahrzeuge ansonsten an Bahnsteigkanten, Masten usw. hängenbleiben würden. Trotzdem wagten sich Märklin/Trix und kibri an solche H0-Modelle heran, für deren Einsatz eventuell Umbauarbeiten an der Anlage erforderlich sind. Während Märklin/Trix auf eine stabile Metallkonstruktion für den Uaai 838 setzten, bietet kibri einen Kunststoffbausatz mit Metallbeschwerung in den Hohlräumen des Uaaais 819 an. In H0 ist das Großserienangebot an mehrachsigen Modellen nicht besonders groß, in TT, N und Z jedoch muss man schon gezielt nach entsprechenden Modellen suchen. Da vereinzelt auch Schmalspurbahnen Tiefladewagen einsetzten, gibt es z. B. bei LGB ebenfalls einen Achtachser.

Tragschnabelwagen als Sonderbauformen

Eine weitere Sonderbauart sind die sogenannten Tragschnabelwagen (Uaai), die aus zwei einzelnen, mehrachsigen Wagen bestehen, die für Überführungsfahrten gekuppelt werden können. Ansonsten überträgt die Ladung als verbindendes Element auch die Zugkräfte. Je nach Größe und einer Länge von über einem halben Meter überschreiten diese Modelle Uaai 687.9 von kibri und Uaai 838 von Märklin/Trix die Richtwerte des MOROP für das Lichtraumprofil in Kurven. Doch bilden derartige Fahrzeuge garantiert einen Blickfang auf der Modellbahnanlage! Voraussetzung für deren Einsatz ist natürlich ausreichend Platz links und rechts der Gleise.

Wer es nicht ganz so lang mag, sollte diese Tiefladewagen von Märklin, Rivarossi (Mitte) und Brawa wählen, die im normalen Zugverband mitlaufen können.

VT 98 und Ferkeltaxe

50

Die Schienenbusse von DB und DR

Schon während der Epoche I versuchten die Länderbahnen, ihren Betrieb auf Nebenbahnen mit Triebwagen wirtschaftlicher zu gestalten. Legendär wurden die Wittfeld-Akku-Triebwagen der Preußischen Staatsbahnen. Doch auch die spätere Reichsbahn konnte zwischen den Weltkriegen zahlreiche erfolgreiche Dieseltriebwagen einsetzen. In guter Erinnerung sind die Wismarer Schienenbusse, die es für Regel- und Schmalspurstrecken gab. Nach dem Zweiten Weltkrieg nutzten beide deutsche Staatsbahnen zunächst die Altbautriebwagen weiter, von denen es für die Epochen II und III auch attraktive Modelle gibt.

VT 98 der Bundesbahn (links) und LVT der DR als Epoche-V-Fahrzeug

Doch der Wunsch nach zeitgemäßen Fahrzeugen wuchs, sodass die Deutsche Bundesbahn ab 1950 zunächst den einmotorigen VT 95 mit Scharfenberg-Kupplung einsetzte. Da dessen Motorleistung nicht für alle Einsatzgebiete ausreichte und er keine Güterwagen mitführen konnte, wurde ab 1953 der leistungsstärkere und mit normalen Stoß- und Zugvorrichtungen ausgestattete VT 98 beschafft.

Ferkeltaxe auf DR-Gleisen

Die DR blieb hingegen bei ihren ab 1957 erprobten LVT 2.09.0 und bei den ab 1964 eingesetzten LVT 2.09.1 und 2.09.2 bei der vereinfachten Scharfenberg-Kupplung, die es immerhin erlaubte, Beiwagen mitzuführen. Auf Modellbahnanlagen dürfen je nach Thema beide Fahrzeuge nicht fehlen, da sie bis in die Epoche V im Regel- und Gelegenheitsverkehr eingesetzt wurden und selbst in der Epoche VI noch gern von Touristik- und Museumsbahnen eingesetzt werden.

Containerverkehr

Blechkisten auf Reisen

51

Seitdem 1961 die Internationale Organisation für Normung (ISO) die weltweit gültigen Maße für Container festgelegt hat, hat sich diese Transportform in der Luft, auf dem Wasser, auf der Straße und bei der Eisenbahn durchgesetzt. Neben zahlreichen Spezialbehältern sind für Modellbahner die 20- (TEU/Twenty Foot Equivalent Unit) und 40-Fuß-Container (FEU/Forty Foot Equivalent Unit) von Bedeutung, von denen es zahlreiche Modelle und passende Trägerfahrzeuge in den Modellbahn-Sortimenten gibt.

Unterschiede bei den Container-Modellen

Allerdings sind die Container-Nachbildungen im Gegensatz zu den Originalen im Bereich der Aufnahmepunkte leider nicht genormt. Einige Modell-Güterwagen haben Zapfen zur sicheren Aufnahme der Container, andere hingegen Bohrungen. Einige Zapfen sind quadratisch, die anderen rund, sodass ein Austausch zwischen verschiedenen Fabrikaten ohne Nacharbeiten kaum möglich ist. Das spielt im Prinzip auch keine Rolle, solange man nur beladene Züge, auch mit Güterwagen verschiedener Hersteller, über die Anlage rauschen lässt. Hierbei sollten aber durchaus auch Leerwagen im Zugverband mitfahren, was im Original durchaus üblich ist.

Bahnhöfe für den Containerumschlag

Immer wieder wurde versucht, funktionsfähige Containerkrane im Modell zu bauen, was nicht an der Mechanik scheiterte, sondern an der Vielzahl der Containermodelle sowie der präzisen Platzierung auf den meist leichten Eisenbahnwagen. Das war im Jahre 2018 auch der Grund für Faller, sein H0-Modell eines großen Containerumschlagterminals nur als Standmodell anzubieten.

Wer allerdings selbst die entsprechende Technik einbauen will, findet dafür die konstruktiven Voraussetzungen am Kunststoffmodell. Falls der Umbau gelingt, können die Container vorbildgerecht von der Schiene auf die Lastkraftwagen des Faller-car-Systems umgeladen und weiterverteilt werden. Wer diese Arbeit scheut, muss dem Container- einen Schattenbahnhof angliedern und so beladene gegen leere Züge tauschen. Egal wie das Problem gelöst wird, eindrucksvoll ist dieses Motiv auf alle Fälle!

Containerumschlag in H0 mit dem Faller-Kran und vielen bunten Wechselbehältern

Fast jeder Modellbahn-Hersteller setzt die Aufnahmepunkte für Container anders um.

52

Betrieb am Ablaufberg

Güterverkehr wie von Geisterhand

Der Ablaufbetrieb definiert sich bei der Eisenbahn als ein der Zugbildung dienendes und sehr leistungsfähiges Rangiermanöver zum Umordnen von einzelnen Güterwagen oder -wagengruppen. Die technische Einrichtung hierfür ist die Ablaufanlage, die sich zusammensetzt aus dem Zuführungsgleis, dem Ablaufberg mit einer in starkem Gefälle liegenden Abrollrampe, der sich daran anschließenden Weichenharfe samt der Richtungsgruppe mit zahlreichen Gleisen zur Bildung neuer Güterzüge. Aus dieser Aufzählung wird schon ersichtlich, dass derartige Anlagen zum Umbilden von Güterzügen nur in großen Eisenbahnknoten üblich waren und vereinzelt auch noch sind. Wer Platz auf seiner Modellbahnanlage und großstädtische Motive im Visier hat, kann solch ein rangierintesives Betriebsfeld gern umsetzen.

Doch auch bei kleineren Verzweigungsbahnhöfen, wo sich etwa eine Nebenbahn aus einer zweigleisigen Hauptbahn ausfädelt und Wagengruppen aus Güterzügen auf die Nebenbahn übergehen sollen bzw. umgekehrt, ergibt eine kleine Ablaufanlage durchaus Sinn. Im hier gezeigten Reichsbahn-

Kleiner H0-Ablaufberg mit geringem Flächenbedarf; währen die „Ludmilla" rechts einen fertig gebildeten Güterzug aus der Richtungsgruppe zieht, hat die „Taigatrommel" links bereits alle Güterwagen über den Ablaufberg gedrückt.

Die Rampe des Ablaufberges sollte seitlich mit Mauerattrappen abgestützt werden.

Beispiel des Modellbauers Karsten Naumann ist solch ein Ablaufberg mit bescheidenen Ausmaßen gebaut worden. Platzsparend wurde er in einem Bogen angelegt. Sogar das für den Betrieb wichtige Formabdrücksignal nach der DR-Signalordnung wurde selbst gebaut und auf einen Sockel gestellt. In der kleinen Rangiererbude daneben findet der Dienst verrichtende Eisenbahner Schutz vor Witterungsunbilden.

Wichtig sind gut laufende Fahrzeuge

Die Stützmauern der Rampengleisabschnitte wurden als verputzte Ziegelsteinmauern mit bereits bröckelndem Putz dargestellt. Die verwendeten Auhagen-Ziegelmauerplatten wurden passend zugesägt, links und rechts der Gleise aufgeleimt und oben mit passenden Mauerabdeckungen bestückt. Der dünne Spachtelmasseauftrag wurde anschließend partiell wieder entfernt, was die Schadstellen darstellt. Im Bereich von Signal und Wärterbude wurde ein Geländer angebracht. Wichtig beim Betrieb auf einem Ablaufberg ist zum einen, dass die die Waggons die Rampe hinaufschiebende Rangierlok über ausgezeichnete Langsamfahreigenschaften verfügt und dass die eingesetzten Güterwagen auf leicht laufenden Radsätzen rollen, die möglichst das RP25-Radreifenprofil aufweisen sollten, da gewöhnliche NEM-Radsätze mit breiten Radreifen und hohen Spurkränzen meist in den Weichen zu klemmen anfangen, was deren Ausrollweg begrenzt.

Gleise als Fahrbahn

Schienenstränge aus Eisen

53

Die Fachliteratur definiert den Begriff Gleis als in der Bettung verlegte Fahrbahn für spurgebundene Fahrzeuge, die aus Schienen, Unterschwellung (Quer- bzw. Längsschwellen oder Plattenkonstruktionen) und Befestigungsmitteln, die auch Kleineisen genannt werden, besteht. Das Gleis trägt und führt die darauf rollenden Schienenfahrzeuge, sodass es sowohl vertikalen als auch horizontalen Kräften ausgesetzt ist, die über die Schwellen und den Oberbau abgeleitet werden. Da diese Kräfte bei der Modellbahn maßstäblich heruntergerechnet wesentlich geringer sind als beim Vorbild, wird das Gleis en miniature nicht gar so stark beansprucht und ist auch keinem derart hohen Verschleiß ausgesetzt wie beim Originalbetrieb.

Der Modellbahner hat die Wahl zwischen reinen Gleisjochen aus vormontierten Schwellen und Schienen sowie Gleisbausätzen, bei denen die Kunststoff-Schwellenbänder erst aufgeklebt und danach die Schienen in die eingesetzten Kleineisen eingefädelt werden. Bei den Schwellen kann man wählen zwischen den weit verbreiteten Holz- und Betonschwellen oder Sonderbauformen wie Stahl- oder Y-Schwellen. Zudem gibt es Bausätze, bei denen die Schienen mit kleinen Nägeln auf Echtholzschwellen befestigt werden, was eine zeitraubende Beschäftigung darstellt, aber im Ergebnis optisch sehr gut wirkt. Wer dieser Technik etwas abgewinnen kann, sollte die Offerten von Hobbyecke Schuhmacher durchstöbern, der solche Bauprojekte für verschiedene Nenngrößen und Spurweiten anbietet und obendrein sogar Drei- und Vierschienengleise für den gemischten Regel- und Schmalspurbetrieb.

Bettungsgleise vereinfachen das Verlegen

Bei den Fertiggleisen der Großserienindustrie kann der Modellbahner obendrein wählen, ob er diese selbst auf schallisolierende

Schienenprofil-Abmessungen in Vorbild und Modell (H0)

Profil bzw. Modellfabrikat	S49/1:87	S54/1:87	UIC60/1:87	Märklin-K
Profilhöhe in mm	148/1,7	154/1,8	172/2,0	2,7
Kopfbreite in mm	67/0,8	67/0,8	74/0,85	1,2

Bettungsstreifen verlegen und einschottern oder sich diese mühselige Arbeit sparen möchte. Denn es werden auch sogenannte Bettungsgleise angeboten, bei der schon der Schotteroberbau angedeutet ist. Egal wie diese Entscheidung ausfällt, ist noch ein weiteres Kriterium beim Gleisbau entscheidend: das Schienenprofil. Während es beim Vorbild bei der Wahl des Schienenprofils besonders darauf ankommt, wie hoch die Schiene belastet wird, ist bei Modellbahn-Anwendungen speziell die Schienenprofilhöhe das kritische Maß, an dem sich die Geister scheiden, denn danach richtet sich das darauf rollende Radreifenprofil (z. B. NEM 311 oder RP25).

Im Original gibt es Schienenprofile, die sich S33/Pr6, S49, S54, UIC60 oder R65 nennen und unterschiedliche Maß von Schienenfuß, -steg und -kopf aufweisen. Dem Modellbahner begegnen diese Begriffe eher nicht, sondern vorwiegend Bezeichnungen wie NEM 120, Fine-scale oder H0pur, die sich vor allem hinsichtlich der Schienenhöhe unterscheiden. Als Material für Modellschienen sind nichtrostende Stahllegierungen, Messing und Neusilber üblich. Die heute gebräuchlichste Schiene ist die Vollprofilschiene, während früher auch vereinfachte Rundkopfhohlprofile oder simple Hutprofile aus Blech Verwendung fanden.

Gleisstücke verschiedener Nenngrößen und Fabrikate

Märklin-C	Peco-streamline	Piko-A	Roco-Line	Tillig-Elite
2,35	1,9	2,5	2,1	2,1
1,0	0,8	1,0	0,95	0,8

Gleisplanum und Schotterbett

54

Gut gebettet rollt es besser

Die Fahrbahn einer Eisenbahnstrecke nennt der Fachmann Oberbau. Dieser setzt sich zusammen aus dem Planum als sickerfähige Grundlage, der Bettung – meist Schotter aus witterungsbeständigem Hartgestein, bei Feldbahnen aber auch Kies oder Sand – und dem darin eingelassenen Gleiskörper – klassisch aus Schwelle und Schienen, heutzutage bei Schnellfahrstrecken auch ausgeführt als sogenannte feste Fahrbahn. Der Oberbau ist in seiner Ausführung und Stabilität so auszulegen, dass er die darauf rollenden Schienenfahrzeuge sicher trägt und führt, was auch in der Modellumsetzung gilt.

Dem Modelleisenbahner wird es in fast allen Nenngrößen leicht gemacht, eine vorbildgerechte Gleisbettung darzustellen, da viele Gleishersteller fertiges Bettungsgleis anbieten, zum Beispiel in H0 das Märklin/Trix-C-Gleis mit Kunststoff- oder das Roco-Line-Gleis mit Gummibettung, die schotterähnliche Oberflächenstrukturen aufweisen. Wer es vorbildgerechter haben möchte, sollte die Gleisjoche auf Bettungsstreifen aus Kork oder Moosgummi verleimen, die gleichzeitig als Schalldämmung zwischen Gleis und Anlagengrundkörper fungieren, und anschließend mit mineralischem Schotter verfüllen und verkleben.

Gleisschotter in verschiedenen Körnungen und Farben

Bettungsgleise vereinfachen das Verlegen auf Anlagen.

Gleisreinigung

55

Putzen, Saugen, Pflegen

Der Fahrbetrieb auf einer Anlage macht nur richtig Spaß, wenn alle Züge ohne Probleme über die Gleise rauschen. Dafür sind saubere Schienenköpfe unabdingbar. Zur Anlagenpflege gehört es daher, die Gleisanlage mit einem Staubsauger abzusaugen und die Tunnelabschnitte mit einem speziellen Gleisstaubsauger abzufahren. Anschließend können die Schienen auf unterschiedliche Weise gereinigt werden: Die schonendste Art ist es, sie mit einem mit einer Reinigungsflüssigkeit getränkten Lappen abzureiben. Wo man mit der Hand nicht hinkommt, helfen spezielle Vorrichtungen mit verlängerten und kippbaren Stielen (www.schienenreiniger.de), Reinigungszwerge aus Kunststoff, die an einen Radsatz angeklemmt werden (www.noch.de), oder spezielle Reinigungswagen mit einer Aufnahmevorrichtung für Reinigungsfilze.

Effektiver, aber mit dem Nachteil, dass die Schienenoberflächen Riefen bekommen, sind sogenannte Reinigungsgummis. Mit diesen werden die Schienenoberflächen an zugänglichen Stellen von Hand abgerieben, was insbesondere bei länger nicht genutzten Gartenbahngleisen eine effektive Methode ist, um verkrusteten Schmutz zu entfernen. In fast allen Nenngrößen werden Reinigungswagen angeboten, die meist mittig unter einem zweiachsigen Güterwagen eine Platte mit aufgeklebtem Reinigungsgummi haben. Durch das Gewicht der Metallplatte wird der Gummi auf die Schienen gedrückt und reinigt während der Fahrt das Gleisnetz. Umstritten sind hingegen rotierende Gleisreinigungsrollen, die zu Wellen in der Schienenoberfläche führen können.

Von Hand oder unter einen Wagen montiert, können die Gleise mit einem Reinigungsgummi gesäubert werden.

Für alle Nenngrößen bietet Lux spezielle Reinigungswagen an, die festsitzenden Schmutz lösen und absaugen.

Märklins M-Gleis

56

Seit Generationen im Einsatz

Seit Generationen lassen Modellbahner ihre H0-Züge über das M-Gleis von Märklon rollen. Auch wenn heute kaum noch neue Anlagen mit diesem recht einfachen Blechgleis gebaut werden, gehört es längst nicht zum alten Eisen. Viele bestehende Betriebsanlagen und auch optisch hochwertige Schaustücke nutzen das Gleis in seiner Urform oder auch farblich nachbehandelt und perfekt eingeschottert.

Angefangen hat alles 1935 mit einem aus Blech geformten, hellbraunen Böschungskörper mit Schienen aus Vollprofilen und durchgängigem Mittelleiter. Nach dem Zweiten Weltkrieg wurden Hohlprofilschienen eingebaut, um die Kosten zu senken. 1953 folgte ein komplett neu entwickeltes Gleissystem mit großen Radien, eingesetzten Schwellen aus Kunststoff und darin verschweißten Punktkontakten. Aufgrund des deutlich höheren Preises konnte es am Markt nicht bestehen, sodass die alte Gleistechnik 1956 reaktiviert wurde. Allerdings ersetzte man den Mittelleiter durch Punktkontakte, was das Gleis optisch aufwertete.

An den Weichen erkennt man die Produktentwicklung

Wenn man heute gebrauchte Gleise kauft, kann man die Produkt-Entwickung in vielen Details deutlich erkennen, insbesondere bei den Weichen mit integrierten Antrieben. So gehörten schon beleuchtete Weichenlaternen, Entkupplungsgleise mit beleuchteten Signalmasten, Schaltgleise und weiteres Zubehör zum gut aufeinander abgestimmten Gleissystem. Dank der vielfältigen Nutzungsmöglichkeiten wurde das M-Gleis erst 2000 aus dem Märklin-Programm verbannt. Zwischenzeitlich wurden die Gleise noch unter dem Markennamen Primex in Kaufhäusern angeboten, allerdings in einem deutlich helleren Farbton. In den letzten Jahren wurden Nostalgieanlagen mit dem M-Gleis immer beliebter, sodass das System sicher seinen 100. Geburtstag unter rollenden Rädern erleben wird.

Verschiedene M-Gleise unterschiedlicher Märklin-Produktionszeiträume

Nach einem alten Katalogbild wurde diese Märklin-Anlage neu aufgebaut.

Weichenkunde

Verzweigungen von Gleisen

57

Weichen dienen bei der Eisenbahn als Gleisverzweigungen. Es gibt die einfachen Weichen und komplexere Bauformen, wie doppelte und einfache Kreuzungsweichen, aber auch Doppelweichen, wo zwei einfache Weichen ineinander geschoben sind. Die bei der Modellbahn immer wieder zu findende Dreiwegweiche bzw. korrekt symmetrische Doppelweiche ist beim Vorbild eher selten und nur in untergeordneten Gleisbereichen zu finden.

Die sogenannten einfachen Weichen gibt es als Links- und Rechtsweiche sowie als Außenbogenweiche, bei den Modellbahnern auch oft Y-Weiche genannt. Als Abwandlung der einfachen Weichen gibt es Innenbogenweichen. Diese dürfen beim Vorbild aber nicht aus den ganz engen Weichen gebogen werden, da sonst der innere Radius zu klein wird. Diese Bogenweichen sind auf Anlagen mit den kleinen Radien oft eine häufige Entgleisungsursache, auch wegen der im Verhältnis zum Vorbild oft langen Herzstücke.

Bestandteile einer Weiche

Eine Weiche besteht aus mehreren Bauteilen. Die beiden durchlaufenden Backenschienen sind links und rechts außen zu finden. Die beweglichen Zungen – als Gelenkzunge mit Gelenk oder ohne Gelenk als

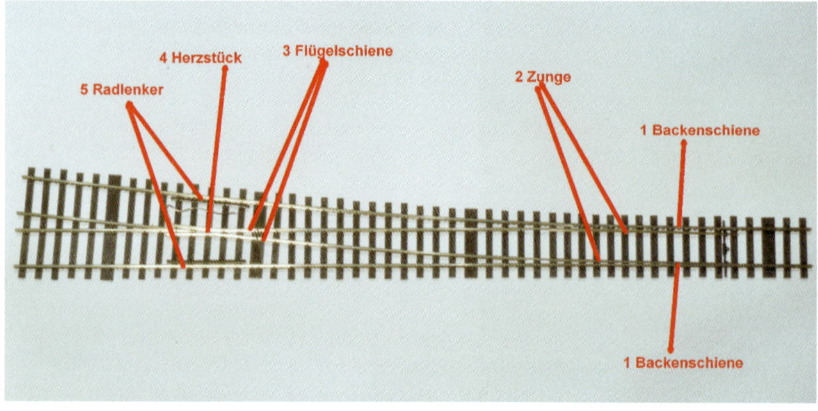

Hauptbestandteile einer Weiche samt Erläuterungen

Federschienenzunge – liegen wechselweise an den Backenschienen an und führen das Rad in die gewünschte Richtung. Die dann folgenden Zwischenschienen führen zum Herzstück, um sich endgültig zu verzweigen. Das Herzstück ist meistens starr ausgebildet, bei Schnellfahrweichen auch beweglich. Die Rille zwischen Herzstück und Flügelschienen ist bei Vorbild und Modell in Verbindung mit den beiden Radlenkern für den sicheren Lauf der Fahrzeuge wichtig.

Bei der Modellbahn gibt es Herzstücke, wo das Rad durch die im Modell aus technischen Gründen oft sehr große Lücke auf dem Spurkranz getragen wird. Diese Lösung funktioniert nur zuverlässig, wenn alle Räder eine ungefähr gleiche Spurkranzhöhe besitzen. Besser sind die bei neueren Modellbahngleissystemen feiner ausgebildeten Herzstücke, wo die Lücke klein gehalten wird. Das Rad wird dann vom Herzstück und den Flügelschienen über die Lücke getragen, was auch bei unterschiedlich hohen Spurkränzen einen ruhigen Lauf gewährleistet.

Weichen-Verlegung und -Antriebe

Während beim Modell meistens ein Winkel für die Weiche angegeben wird, nennt man beim Vorbild die Neigung – beispielsweise 1:9 für umgerechnet 6,34 Grad. Dazu gibt es die Herzstücke mit und ohne durchlaufenden Bogen. Mit durchlaufendem Bogen wir die Weiche im Winkel steiler, was bei platzbeschränkten Anlagen oft hilfreich ist. Dafür kann man diese Weichen aber weniger gut für Gleisverbindungen zwischen zwei Gleisen nutzen, da das unschöne S-Bögen ergibt. Dort sind Weichen mit geradem Herzstück sinnvoll. Hinter dem Herzstück folgt noch das Grenzzeichen Ra12 bzw. So 12. Bis hierhin dürfen Fahrzeuge abgestellt werden, ohne dass es zu Kollisionen kommt. Solche Grenzzeichen sind übrigens auch zwischen den Strahlengleisen an Drehscheiben durchaus angebracht.

Im Modell werden die Weichen auf unterschiedliche Weise angetrieben: Neben dem Handantrieb kommen Magnetantriebe, Motorantriebe und Servos zum Einsatz. Diese pressen die Zungen unterschiedlich fest an, womit manche Weichen dann nicht mehr vom Herzstück her aufgefahren werden können. Sinnvoll ist es bei Zweileiteranlagen, die Polarität des Herzstückes abhängig von der Weichenlage anzupassen. Viele Antriebe und auch die Decoder für Servoantriebe haben Relaiskontakte, die das passend umschalten. Damit kommen auch kurze Loks ohne Stromabnahmeprobleme über die Weichen. In früheren Epoche waren alle Weichen mit Weichensignalen ausgestattet. Heute ist das bei modernen Stellwerken nicht mehr nötig. Für die Modellbahn kann man Weichensignale als feste oder bewegliche Bauart in großer Auswahl kaufen.

Modellbahn-Anfänge

58

Bodenläufer als erste Spielbahnen

Die Beschäftigung der Menschen mit Eisenbahn-Modellen entwickelte sich genauso zaghaft, wie sich dieses neue Verkehrssystem im Original in Mitteleuropa verbreitete. Dabei orientierte man sich auch nicht am Verkehrsweg aus Schienensträngen, sondern beachtete nur das, was darauf rollte und eindrucksvoll puffte und qualmte – die Lokomotive. Erste Nachbildungen waren kunsthandwerklich hergestellte Zinngussstücke als Flachreliefs, später auch rollende Modelle mittels zusammengesetzter Teile aus feingewalztem Zinnblech. Doch bald darauf wurden auch die ersten Fahrzeuge aus Holz fabriziert, die weitaus stabiler für den Einsatz auf Zimmerfußböden ausgelegt waren. In gleicher Manier folgten die ersten sogenannten Bodenläufer aus verlötetem Blech.

Nürnberg war Zentrum der Blechbahn-Herstellung

Zu den frühen Herstellern gehörte in den 1860er-Jahren die Nürnberger Firma Ernst Plank. Deren erste Blechminiaturen waren nicht nur Rollmodelle, sondern verfügten auch über einen nicht ungefährlichen spiritusbeheizten Dampfantrieb und einen lenkbaren Vorderradsatz. Auch die Firmen Carette und Schoenner waren frühe Produzenten von Eisenbahnmodellen, wohingegen Märklin erst relativ spät die Marktchance ergriff und 1891 einen ersten Zug anbot. Neben den heiklen Verbrennungsantrieben wurden zunehmend auch Schwungrad- und Uhrwerkantriebe in die Bodenläufer-Lokomotiven eingebaut. Vor allem letzteres bewirkte eine weitaus längere Laufdauer der Modelle und damit eine größere Spielfreude bei den Kindern.

Mit Schwungradantrieb ausgestatteter Bodenläufer

Bodenläufer des Nürnberger Herstellers Ernst Plank

Feuerteufel nannte Carette seine rollende Dampfmaschine.

Hersteller von einst

59

Modellbahn-Marken, die längst vergessen sind

Bereits um 1886 boten die Gebrüder Bing aus Nürnberg die erste Zuggarnitur mit Gleisen an. Seinerzeit wurden allgemein Spielzeugeisenbahnen als sogenannte Bodenläufer aus Feinblech angeboten. Hersteller waren neben Bing, Lutz aus Ellwangen, Georges Carette und Märklin auch viele kleine Handwerksbetriebe. Die Nürnberger Firma Schönner stellte 1887 dampfbetriebene Lokomotiven und Wagen samt Gleisen großer Spurweiten von 65 bis 115 Millimetern vor. Ab 1900 wurden in Deutschland Eisenbahnmodelle mit Blechgleisen in größerem Umfang in Nenngröße 1 im Maßstab 1:32 und 0 im Maßstab 1:45 gebaut. Die Antriebe der Lokomotiven waren Uhrwerke, Dampfzylinder und mit 110 Volt betriebene Elektromotoren. Im deutschen Spielwarenzentrum Nürnberg und Fürth wurden weitere Hersteller und Händler im Eisenbahnmodellbau aktiv: Doll & Co., Karl Bub, Kraus-Fandor und Moses Kohnstam (MoKo).

Als die Tischbahn populär wurde

Die großen Gleisradien passten nicht so recht in die kleinen Wohnstätten der Arbeiterfamilien. Da Uhrwerkloks in kleineren Abmessungen nicht begeisterten, wurde es durch die Konstruktion von kleinen Elektromotoren ab 1918 nach der Zwischenstufe von Märklins Raylo-Lilliputbahn mit einer Spurweite von 26 Millimetern möglich, mit der von Bing kreierten Tischeisenbahn in Nenngröße 00 elektrisch zu spielen. Nach 1947 wurden viele engagiert produzierende, doch oft bald schon wieder verblühende Firmen gegründet. Als Beispiele können hier Böttcher, Bock, BoJa, Dahmer, EAW, Egger, Ehlcke, Erga, Fahrbach, Gebert, Günther, Hamo, Heinzl, Herr, Höss, Hoffmanns Eisenbahnwerkstatt, Hruska, Liebmann, Löhmann mit Präzix und Europa-Bahn, MEB, Niemayer, Ortwein, Rehse, Reppin, Rokal, Röwa, Schicht, Stadtilm, Staigers Mignon-Bahn, Stephan, Swart, Taifun-Micro Bahn, Technikus-Express, Tesmo, Weigel, Widu, Vimo-Bahn, Wimmer und Zeuke genannt werden.

Wer erinnert sich noch an die Markennamen dieser Modelle: im Hintergrund die grüne E 38 von Liebmann/Stadtilm, links die schwarze Präzix-Güterzuglok von Löhmann/Stuttgart und rechts die Pseudo-Commodore V der BoJa-Bahn/Schmalkaden.

Modellbahnen in der DDR

Schwieriger Neubeginn

60

Das Schöne an diesem Thema ist, dass es aufgrund der zeitlichen Eingrenzung zwischen 1949 und 1990 zu einem abgeschlossenen Sammelgebiet avancierte. Verbreitet in der DDR waren die Nenngrößen N, TT und H0. Während in der mittleren Spur des Maßstabs 1:120 die Firma Zeuke/Berliner TT-Bahnen einziger Hersteller war und auch für N nur Piko in Sonneberg produzierte, gab es in H0 mehrere Hersteller wie Gützold, Hruska oder Piko. In der jungen DDR war das Produktportfolio an Modellbahnen in 0 und H0 sogar noch vielfältiger, da sich auch einige Handwerksbetriebe und Kleinstfirmen wie Bergfelde, Dietzel, EAW, Ehlcke, Gebert, Herr, Hoffmann, Liebmann, Pico, Rehse, Schicht, Stärz & Co. oder Zeuke & Wegwerth der Herstellung miniaturisierter Schienenfahrzeuge widmeten. Noch größer war die Zahl an Zubehör-Anbietern, wobei Namen wie Dahmer, OWO oder TeMos und das heute noch existierende Unternehmen Auhagen wohl am bekanntesten sind.

Verordnete Verstaatlichung

Doch dieses zersplitterte Produktionsgefüge ging nicht einher mit der staatlich verordneten Planwirtschaft, die auf eine Zentralisierung und die Bildung von Großbetrieben hinarbeitete. Im Zuge der Formierung Volkseigener Betriebe (VEB) verschwanden viele Modellbahn-Hersteller oder fungierten nur noch als Zulieferer für die großen der Branche. Unter diesen Vorzeichen entstand nach Anfängen in Chemnitz auch der VEB Elektroinstallation Oberlind als Vorläufer des VEB Piko, der später die Spielzeugstadt Sonneberg bekannt machte. Interessant ist, dass anfangs die Triebfahrzeugmodelle noch mit Wechsel- und Gleichspannungsantrieben gebaut wurden, ehe sich das Zweischienen-Zweileitersystem durchsetzte.

Die ersten Pico-H0-Modelle aus Chemnitzer Produktion waren der Baureihe E 18, einer Stromliniendampflok mit Schlepptender und der Baureihe 71 nachempfunden. Nach dem Umzug 1951/52 nach Thüringen wurden die Baureihen 55, 80, 81, VT 33 und E 44 auf die Räder gestellt, wobei die Ellok auch noch als AEG-Ausführung ohne Vorbauten und als E 46 folgten. Weitaus modernere Konstruktionen und ihren Vorbildloks schon ähnlicher waren die folgenden Schlepptenderloks der Baureihen 23 und 50. 1964 wurde die Nenngröße N eingeführt, doch H0 blieb stets der vorherrschende Produktionszweig, auch wenn man das im Handel nicht zu spüren bekam, denn Modellbahnen waren in HO und Konsum zu allen Zeiten „Bück-DSich-Ware".

Wegweisende H0-Lokmodelle

Über die Neuauflage der Baureihe 55, eine Nohab-Diesellok, die Baureihen E 69, 66 der DB, 89.2, E11 und 42, 130 und das Pärchen VT 135/VB 140 reifte Piko zu einem ernst zu nehmenden Modellbahn-Produzenten heran, dessen Sortiment in den 1980er-Jahren mit den Baureihen 01.5, 03- und 41-Reko, 38.2 und 95.0 auch international an Beachtung gewann. Daneben agierte im H0-Triebfahrzeugbereich ab den 1960er-Jahren noch die Firma Hruska mit den Baureihen 84 und 91 und über alle Jahrzehnte hinweg die Zwickauer Marke Gützold mit den Baureihen 24, 42, 52, 56, 64, 75, 86, 106, 110, 118, 120 der DR und V 200 der DB. Die politische Wende überlebt haben Piko in Sonnberg, Gützold in Zwickau (heute unter fischer-modell) sowie Tillig als Nachfolgefirma der Marken Zeuke/BTTB und Schicht/Sachsenmodelle.

Verschiedene H0-Modelle der Baureihen E 44/E 46 aus der Frühzeit von Piko

Auch 0-Modelle wurden in der DDR gebaut wie diese Ellok der Baureihe E 44 von Zeuke in Berlin.

Tin-plate-Bahnen

Frühe Modelle aus Blech

61

Betrachtet man die Modellbahn-Geschichte aus ihren industriellen Anfängen Mitte des 19. Jahrhunderts bis heute, so kann man mit Fug und Recht behaupten, dass Blechmodelle, also Tin-plate-Eisenbahnen über einen weitaus längeren Zeitraum produziert wurden als die heute weitverbreiteten Modelle aus Kunststoff. Wenn man dann die heute noch übliche Kleinserienfertigung von H0-, 0- und 1-Fahrzeugen aus Stahl-, Messing- oder Neusilberblech in Betracht zieht, hat dieses Zeitalter eigentlich nie aufgehört. Allerdings gilt zu berücksichtigen, dass der Begriff Tin-plate-Bahnen landläufig nur für historische Blechbahnen angewandt wird, also vorrangig für Eisenbahn-Spielzeug-Antiquitäten als Sammelbegriff gilt.

Regelmäßig finden in Deutschland übers Jahr hinweg vielerorts sogenannte Spieler-Treffen statt, bei denen Tin-plate-Bahnfans ihre Fahrzeugschätze auf Anlagen präsentieren.

Spielen auf dem Fußboden

Schon für die ersten Bodenläufer, die ohne Gleise über den Fußboden geschoben wurden, kam Blech in der Herstellung zum Tragen. Waren die ersten Modelle noch roh und unlackiert, stellte man sich bald auf die Kundenwünsche ein und lackierte die Fahrzeuge recht fantasievoll und farbenfroh. Berühmte Marken, die in Deutschland frühe Tin-plate-Bahnen herstellten, waren Bing, BUB, Carette, Distler, Doll, Kraus, Märklin, Plank und Schoenner. Bis zum beginnenden 20. Jahrhundert waren die Modelle noch schlicht und kaum mit ihren Vorbildern vergleichbar. Erst nach und nach orientierte man sich an den Achsfolgen und Lokaufbauten der Originale und schuf Modellbahnloks, denen man auch auf den Bahnhöfen jener Zeit begegnen konnte.

Berühmtestes Beispiel dieser Epoche ist wohl das „Schweizer Krokodil", das es in verschiedenen Nenngrößen als Spielzeuglok gab, aber im seinerzeitigen Anschaffungspreis auch nicht für jeden Hausstand kaufbar war. Und dann ist da noch die berühmte deutsche Baureihe 01 als 2'C1'-gekuppelte Schlepptenderlok, die es sowohl von frühen deutschen Herstellern als Blechmodelle für 0 und 1 gab als auch später nach dem Zweiten Weltkrieg noch als 0-Modelle in zwei Ausführungen der Firma Liebmann aus Stadtilm. Oder nehmen wir die Baureihe 05, Deutschlands größte je gebaute Schnellzuglok, die Märklin als rote Stromlinienlok in 0 baute und bei BUB nach dem Krieg und nunmehr ohne Stromschale in der seltenen Nenngröße S (siehe Kapitel 63) aus Blechteilen erschien.

Hohe Preise für alte Fahrzeuge

Allein diese drei Lokomotiv-Beispiele unterstreichen, wie weit sich die Spannbreite dieses Themas zieht. Wer sich einen Eindruck verschaffen möchte, welche Vielfalt das Sachgebiet Tin-plate-Bahnen bietet, sollte eine der übers Jahr an zahlreichen Orten Deutschlands veranstalteten Auktionen (siehe Kapitel 64) besuchen. Mit staunenden Augen wird der Besucher vor den Vitrinen mit den angebotenen Pretiosen stehen, die nicht nur wegen ihrer Pracht begeistern, sondern auch hinsichtlich der aufgerufenen Preise. Diese sind zwar nicht mehr so hoch wie noch vor einigen Jahren, doch immer noch hoch genug, dass dieses Sammelgebiet ziemlich exklusiv bleibt.

Der Schienenzeppelin von 1929 wurde zeitgleich auch bei Märklin als Tinplate-Modell mit Uhrwerk gebaut.

Trix Express

62 Eine fast verschwundene H0-Marke

Wenn man auf die Märklin-Internetseite schaut, liest man: „Trix Express ist ein Sortiment, das wir nicht mehr aktiv anbieten. Einige wenige Artikel sind für Bestandskunden noch verfügbar.“ Trotzdem werden in regelmäßigen Abständen neue Fahrzeugmodelle mit den bekannten Merkmalen der Traditionsmarke aufgelegt. Die Fahrzeuge fallen dabei durch federnd angebrachte Schleiferfallen zur Stromabnahme, ihre breiten Radreifenprofile und die klobigen Kupplungen auf. Die passenden Gleise mit dem durchgehenden Mittelleiter muss man sich aber auf Börsen (siehe Kapitel 66) mühsam zusammensuchen. Wer sich also eine Trix-Nostalgiebahn aufbauen möchte, kann aus einem reichhaltigen Angebot wählen, denn derzeit wird allerhand Trix-Express-Ware aus zweiter Hand angeboten.

Dreischienen-Gleis als Alleinstellungsmerkmal

Das Dreischienen-Dreileiter-System ermöglicht den gleichzeitigen, unabhängigen Betrieb von zwei, bei der Nutzung einer Oberleitung sogar von drei Zügen. Die beiden Schienen sind im Gegensatz zum Märklin-Mittelleiter-System elektrisch gegeneinander isoliert, wodurch Trix Express vor über 50 Jahren noch ein Alleinstellungsmerkmal hatte.

Gebrauchte Trix-Express-Produkte sind heute auf Börsen und Auktionen leicht zu finden, allerdings rosten die Hohlprofilschienen recht schnell.

Die gelben Trix-Kartons zeigen schöne Motive, aber meist von Modellen, die gar nicht in der Packung liegen; unten ein Güterzug aus farbenfroh lackierten Wagen.

Trotzdem wechselten in den 1960er- und 1970er-Jahren viele Fans zu anderen Anbietern, da der spielerische Vorteil massive Nachteile bei der realistischen Gestaltung einer Anlage hatte. Insbesondere bei den Weichen ist der große Abstand der Radlenker störend, denn die Spurweite beträgt wie bei allen H0-Systemen 16,5 Millimeter, das Spurkranz-Innenmaß aber nur 11,8 Millimeter. So können ohne Radsatztausch keine Fremdfahrzeuge eingesetzt werden – unabhängig davon, ob man das ab 1935 angebotene Bakelitschwellengleis mit Schotterbett, das Pappgleis mit Schwellen aus Presspappe und Hohlprofilschienen oder das Vollprofilgleis mit Kunststoffschwellen und Schienen aus korrosionsbeständigem Neusilber verwendet. Wer sich für dieses System interessiert, sollte ein Treffen des rührigen Trix-Express-Clubs (www.trixexpressclub.de) besuchen.

Nenngröße S

63

Bahnen auf der 22,5-mm-Spur

Diese in Europa relativ ungebräuchliche Nenngröße im Maßstab 1:64 und mit einer Spurweite von 22,5 Millimetern hatte im Nachkriegs-Deutschland bis Mitte der 1960er-Jahre einen kleinen Kundenstamm. Die Modelle der seinerzeit bekannten Firmen Bub aus Nürnberg (ab 1948 bis 1958) und VEB Metallwerke Stadtilm, vormals Liebmann (1956 bis 1964), werden noch heute von markentreuen Sammlern geschätzt.

Das rollende Material von BUB war mehrheitlich aus lithografiertem Dünnblech. Stadtilmer Produkte zeigten eine Mischbauweise aus Blech und Kunststoff, Triebfahrzeuge und Kesselwagen immer ein Thermoplastgehäuse; alle weiteren Wagen waren lackierte und mit Schiebebildern versehene Feinblechmodelle. Stadtilm hatte Batteriebahnen für 4,5 Volt und Triebfahrzeuge für Trafobetrieb bis zwölf Volt im Angebot. Auch die Metallspielwarenfabrik Weimar stellte einige Zeit sehr stark vereinfachte Eisenbahnmodelle aus dünnem, lackiertem Eisenblech her.

In den USA war in den 1950er-Jahren die Firma American Flyer in der Herstellung von S-Modellbahnen führend. Nach mehrfach erfolgtem Besitzerwechsel wurde diese Firma unter dem neuen Eigentümer Richard Kughn, gleichzeitig Besitzer von Lionel LLC, wieder erfolgreich am Markt etabliert. Seit 2002 steigt die Zahl der American Flyer-S-Angebote kontinuierlich an. Auch Lionel selbst bietet seit Jahren Fahrzeuge der Nenngröße S an.

Die Firma Stadtilm baute nicht nur Modellbahnen in 0, sondern auch in S.

Auktionen

64

Plattform für Sammler

Bis vor wenigen Jahren haben Auktionen sowohl für Liebhaber, die ihre Sammlung erweitern wollten, als auch für diejenigen, die ihr Hobby aufgaben, eine große Rolle gespielt. Man bestellte sich einen Katalog, in dem alle Modelle mit Aufrufpreisen gelistet wurden. So konnte man sich in Ruhe die gewünschten Stücke auswählen und entweder zur Auktion fahren, ein schriftliches Gebot abgeben oder gar per Telefon live mitbieten. Internetplattformen wir eBay oder catawiki haben das Geschehen aufgemischt. Doch speziell für Angehörige, die eine Sammlung auflösen müssen, sind die Auktionshäuser eine gute Adresse. Die Mitarbeiter taxieren die Modelle, stellen gegebenenfalls Konvolute zusammen und überweisen im Idealfall eine höhere Summe an den Einlieferer.

Beim Mitbieten sollte man sich bewusst sein, dass auf den Aufrufpreis immer noch die Gebühr des Auktionators kommt, die rund 20 Prozent vom Gebot ausmachen kann. Außerdem werden die Lokomotiven in der Regel ohne Funktionsprüfung abgegeben, da sich eine Kontrolle gerade bei Massenware wirtschaftlich nicht rechnet oder bei Uhrwerkantrieben ohne vorherige Wartungsarbeiten zu Schäden führen kann. Bietet keiner im Saal auf ein Modell, kann der Auktionator auch einen geringeren Preis vorschlagen. Viele Konvolute werden sogar ganz ohne Mindestgebot gelistet, sodass hier Schnäppchenjäger zuschlagen können. Wer pfiffig ist, bietet mit einer kleinen Summe gleich auf mehrere Artikel, um so eventuell einen kaum nachgefragten zu erhalten.

Die Mitarbeiter eines Auktionshauses zeigen jedem Interessierten vor der Auktion die Modelle, sodass man – anders als im Intenet – nicht die Katze im Sack kauft.

Fahrzeug-Aufbewahrung

Wohin mit dem rollenden Material?

65

Was macht ein Modellbahner mit all seinen zusammengetragenen Fahrzeug-Schätzen, so er sie nicht auf einer Anlage platziert bzw. fahren lässt? Nun, dazu gibt es verschiedene Ansätze. Nicht zu beneiden sind jene Sammler mit wenig Platz, die ihre meist noch originalverpackten Fahrzeuge oder Zubehörartikel in Regalen oder Schränken verschwinden lassen müssen – so zwar licht- und staubgeschützt gelagert, aber eben auch vor aller Augen versteckt und eigentlich gar nicht existent. Andere packen die Modelle wenigstens aus, legen sie in gut einsehbaren Schubladen ab und verstauen die leeren Kartons im Keller oder auf dem Dachboden. Die beste Art der Demonstration der Sammelwut ist natürlich das Ausstellen der Modelle in einer attraktiven Vitrine mit gläserner Front und vielleicht sogar beleuchtet, sodass man sich selbst an den Pretiosen erfreuen, diese aber auch anderen Interessenten zeigen kann.

Alternativen zur Vitrine

Der Betriebsmodellbahner indes, der seine Fahrzeuge über die Anlage rauschen lassen möchte, mag seine Fahrzeuge nicht so gern umständlich aus der Vitrine holen. Zum einen hinterlässt das ständige Anfassen der Modelle unschöne Griffspuren an den lackierten Flächen oder an den Fenstern von Loks und Reisezugwagen, zum anderen birgt das händische Transportieren über größere Distanzen im Hobbyraum auch die Gefahr des Herunterfallens eines Modells. Insofern bieten sich hier für die Langerung von Fahrzeugen eher großflächige Abstellbereiche an, worüber wir an anderer Stelle unter den Begriffen Schattenbahnhof und Fiddle-yard (siehe Kapitel 19) eingehen. Aber auch die Möglichkeit einer vertikal verfahrbaren Vitrine mit stirnseitigen Öffnungen, aus denen die Züge direkt auf die Anlage rollen können, wäre eine zweckdienliche Alternative.

Zudem könnte man auch darüber nachdenken, mit Transportboxen zu arbeiten, die bei der Firma Peco beispielsweise Loklift-Kassetten genannt werden. In diesen können Triebfahrzeuge geschützt zwischengelagert werden. Bei Bedarf wird solch eine Kassette an die Anlage angedockt, sodass das Fahrzeug aufrollen kann. Eine derartige Lösung gibt es aber auch für komplette Züge, denn die Firma HLS Berg hat unter dem Begriff Train-Safe lange und mit leitfähigen Schienen bestückte Acrylröhren im Sortiment, für die man natürlich einen größeren Einschubplatz an der Anlage vorsehen muss. Diese Röhren können sogar als Schattenbahnhofsersatz anstelle eines Endbahnhofs fungieren. In dem Fall werden die Röhren mit dem eingefahrenen Zug einfach um 180 Grad gedreht wieder eingesetzt.

Die attraktivste Art der Fahrzeugpräsentation ist die Vitrine.

Abstellbereich für Loks unter einer Anlage; mit der im Vordergrund zu sehenden Loklift-Kassette werden die Fahrzeuge transportiert.

Das Röhren-System TrainSafe von HLS Berg bietet eine gute Möglichkeit, komplette Zuggarnituren an eine Anlage andocken zu können.

Modellbahn-Börsen

Regionale Angebotsvielfalt

66

In bekannten Monatszeitschriften, wie zum Beispiel dem „eisenbahn magazin“, findet man gerade in den Herbst- und Winter-Ausgaben viele Veranstaltungen unter der Rubrik „Märkte, Börsen & Auktionen“. Neben mehreren gewerblichen Veranstaltern, die meist mit vielen überregionalen Händlern zusammenarbeiten, führen auch immer häufiger Vereine und Interessensgruppen Modellbahnbörsen durch.

Der Besuch eines solchen Marktes ist umso lohnenswerter, wenn eine Modellbahn-Ausstellung angeschlossen ist, denn fast jede Börse kostet Eintritt. Dafür ist gerade in Regionen, wo es kaum noch Fachhändler mit Ladenlokal gibt, dieses Angebot interessant. Denn neben unzähligen Fahrzeugmodellen in allen Nenngrößen und von fast allen Herstellern wird auch reichlich Zubehör angeboten. Man kann dabei unter gebrauchten, bereits montierten Gebäuden für wenige Euros, neuwertigen Funktionsmodellen, originalverpackten Landschaftsbaumaterialien oder einem breiten Ersatzteilsortiment wählen.

Für Sammler einer bestimmten Marke oder Nenngröße gibt es oft auch spezielle Modellbahnbörsen im Rahmen von Jahrestreffen, die meist in den Eisenbahn-Zeitschriften beworben werden. Vor den Preisverhandlungen sollte man sich grob über den Marktwert der ausgewählten Ware informieren. Das geht heute schnell über das Internet oder mit einen Gang entlang der Tischreihen, um vergleichbare Artikel finden zu können. Doch auch wer selbst etwas verkaufen möchte, kann sich einige Meter Tischfläche reservieren. Den größten Erfolg hat man dabei, wenn die Ware mit fairen Preisen ausgezeichnet ist und man den potenziellen Kunden erlaubt, auf dem meist im Saal vorhandenen Testgleis eine Probefahrt vornehmen zu dürfen.

Übersichtlich werden bei Börsen die Fahrzeuge auf Tischen präsentiert, sodass man schnell sein Wunschmodell findet, aber auch Preise diverser Anbieter vergleichen kann.

67

Briefmarken

Motive, die aussehen wie Modelle

Was haben wir kreuz und quer recherchiert, Briefmarkensammler befragt und Modellbahnfirmen konsultiert – doch können wir mit Fug und Recht behaupten: Es gab in der Geschichte der Philatelie bislang kaum Modellbahn-Briefmarken, zumindest nicht hierzulande. Allerdings entstanden in den zurückliegenden Jahrzehnten einige Briefmarken-Motive, deren Abbildungen stark an Modellbahn-Fahrzeuge erinnern, da dafür nur in wenigen Fällen Fotos verwendet wurden, sondern eher Farbzeichnungen, die einen deutlichen Modellcharakter aufweisen.

Sowohl bei der Deutschen Post in der ehemaligen DDR als auch bei der Bundespost im Westen Deutschlands war diese Praktik, mit Grafiken zu arbeiten, weit verbreitet. Meist erschienen diese Eisenbahn-Briefmarken zusammen mit Ersttagsbriefen, die speziell bedruckt waren. Und in einigen Fällen gab es darauf abgestimmt auch spezielle Poststempel. Und wer es ganz eisenbahnspezifisch haben wollte, konnte diese Ersttagssendungen stilecht mit der Bahnpost befördern lassen, was natürlich auf dem Umschlag mittels Stempel entsprechend belegt wurde.

Die meisten Eisenbahn-Motive auf Briefmarken wirken eher wie Modellbahn-Fahrzeuge.

Nenngrößen und Maßstäbe

Vielfalt von Z bis 2m/G

68

Hinter dem Begriff Nenngröße verbirgt sich beim Modellbahn-Hobby ein festgelegter Maßstab, der das genormte Größenverhältnis zwischen Original und Modellkopie zum Ausdruck bringt, wobei die Regelspurweite europäischer Eisenbahnen von 1.435 Millimetern maßgebend ist. Daraus schlussfolgernd gilt in der am weitesten verbreiteten Nenngröße H0 im Verkleinerungsmaßstab von 1:87 die Normalspurweite von gerundet 16,5 Millimetern (1.435:87=16,49). Auch alle anderen Vorbildmaße von Bahnfahrzeugen (rollendes Material) und Zubehör (Hoch- und Kunstbauten) werden in H0 entsprechend durch 87 geteilt; dasselbe gilt dann für die übrigen Nenngrößen von Z (1:220) bis 2m/G (1:22,5), wie es aus der Tabelle unten ersichtlich wird.

Festlegung auf eine Nenngröße

Neben der Wahl des Betriebssystems (siehe Kapitel 73) ist die Wahl von Nenngröße (Z bis 2) und Spurweite (Regel- oder Schmalspur) ein wichtiger zu berücksichtigender Faktor, wenn der Modellbahner in sein Hobby einsteigt. Besonders dann, wenn er nicht nur sammeln möchte, sondern auch eine Anlage plant, ist das von großer Bedeutung, da die Nenngröße wesentlich über die Ausmaße eines Modellbahnschaustücks bestimmt. Natürlich ist hier Schummeln nicht nur erlaubt, sondern vielfach auch

Vorbild- und Modellspurweiten verschiedener Nenngrößen

Nenngröße	Maßstab	Regelspur 1.435 mm	Schmalspur 1.000 mm	Schmalspur 750 mm	Feldbahnspur 600 mm
Z	1:220	6,5 mm	–	–	–
N	1:160	9,0 mm	6,5 mm (Nm)	–	–
TT	1:120	12,0 mm	9,0 mm (TTm)	6,6 mm (TTe)	–
H0	1:87	16,5 mm	12,0 mm (H0m)	9,0 mm (H0e)	6,5 mm (H0i)
S	1:64	22,5 mm	16,5 mm (Sm)	12,0 mm (Se)	9,0 mm (Si)
0	1:43,5/45	32,0 mm	22,5 mm (0m)	16,5 mm (0e)	12,0 mm (0i)
1	1:32	45,0 mm	32,0 mm (1m)	22,5 mm (1e)	16,5 mm (1e)
2	1:22,5	64,0 mm	45,0 mm (2m/G)	32,0 mm (2e)	22,5 mm (2i)

unabdingbar, weil die vorbildgerechten Ausdehnungen von Eisenbahnstrecken und Bahnhöfen in nur seltenen Fällen in einem Raum unterzubringen sind, sodass hier Stauchungen in den Maßen toleriert werden sollten. Doch je kleiner die Nenngröße bzw. der Maßstab gewählt wird, desto näher kann man sich am Vorbild orientieren.

Um das Kriterium Platzbedarf zu veranschaulichen, sei daran erinnert, das eine N-Anlage mit den Außenmaßen von zwei mal einem Meter mit demselben Gleisplan in H0 schon eine Anlagenfläche von vier mal zwei Metern beansprucht. Daraus folgt, dass man besonders in den kleinen Nenngrößen auch größere Gleisareale auf relativ kleiner Fläche unterbekommt, während man bei der Wahl von 1 oder 0 auf demselben Areal gerademal ein bisschen hin- und her rangieren könnte. An großzügigen Fahrbetrieb wäre dann also kaum zu denken. Ein Kompromiss ergäbe dann vielleicht die Wahl einer schmalen Spur, da man dabei die Radien und auch die Gleisnutzlängen für die eingesetzten kurzen Zuggarnituren reduzieren könnte.

Jeder nach seinen Verhältnissen

Auch wenn H0 und N heutzutage noch immer weit verbreitet sind und auch die „Spur der Mitte", also TT (siehe Kapitel 24), stark an Fans gewonnen hat, gibt es auch für die übrigen Nenngrößen stabile Liebhaberzahlen, wobei speziell die Null in den zurückliegenden Jahren aufgrund eines sich stabilisierenden Großserienmarktes mit der Firma Lenz an der Spitze kräftig aufholen konnte. Insofern ist es schwer, hier eine Idealnenngröße zu bestimmen. Bei der Wahl sollte der Modellbahner also zuerst seine Verhältnisse analysieren, was Platzangebot und Budget fürs Hobby betrifft, als auch seine Vorlieben (Regel-/Schmalspur, Epochewahl, Dampf-/Diesel-/Elektro-Traktion). Danach sollte er die Angebote in den einzelnen Segmenten nach seinen Bedürfnissen und Ansprüchen ausloten, um anschließend eine Nenngröße festlegen zu können.

Größenvergleich von Lokomotiven verschiedener Nenngrößen von 0 bis Z

Sammelgebiet Modellbahn

Fahrzeuge horten in diversen Richtungen

69

Kaum ein Hobby ist so vielfältig ausgerichtet wie das Steckenpferd Modellbahn. Selbst wenn man gar kein Betriebsbahner ist, also keine Anlage mit lebendigem Bahnverkehr betreibt, ist das Modellbahnhobby in der speziellen Richtung Sammeln breit-gefächert denkbar. Grundsätzlich ist zu unterscheiden zwischen rollendem Material – also Lokomotiven, Triebwagen/-züge und Wagen – sowie Zubehör wie Gebäude, Brücken, Tunnel etc. Dann wäre zum einen die Festlegung auf eine oder mehrere Nenngrößen von Z bis 2m/G zu treffen, zum anderen ist die Eingrenzung bei Fahrzeugsammlungen hinsichtlich der möglichen geschichtlichen Zeiträume (siehe Kapitel 12) empfehlenswert.

Schließlich gibt es bei den Triebfahrzeugen noch diverse Traktionsarten wie Dampf, Diesel und Elektro, bei den Wagen die beiden Gruppen Güter- und Reisezugwagen und bei letzterer solche für den Fern- und andere für den Nahverkehr auf Haupt- und Nebenbahnen. Nach all diesen Kriterien kann eine Sammlung ausgerichtet sein. Wer sich auf Lokomotiven und Triebwagen spezialisiert, kann sich beim Zusammentragen der unzähligen Bauarten und Typen zumindest an den Gattungsbezeichnungen bei Länderbahnen oder an den Baureihennummern bei den späteren Staatsbahnen DRG, DB, DR oder DB AG entlanghangeln, was die Sache ein wenig erleichtert.

Fahrzeug- und Zubehörsammlungen sind viel zu schade, um in Schränken und Schubladen zu verschwinden. Am besten ist deren Präsentation in Vitrinen.

70

Antriebskonzepte

Wo der Motor überall liegen kann

Die bei heutigen Modellbahn-Triebfahrzeugen vorrangig angewandte Antriebsart ist der Elektromotor – ganz egal ob klassischer Eisenanker-Motor mit Feldspulen und Permanentmagnetschale oder leichtlaufender Glockenanker-Motor. Doch ist es abhängig von der umgesetzten Triebfahrzeug-Bauart ganz unterschiedlich, wo dieser Motor in der Lokomotive oder im Triebwagen eingebaut ist. Drei Antriebskonzepte sind üblich:

- Der einfachste ist der Einachs-Direktantrieb, bei dem die Schnecke auf der Rotorwelle direkt in das Schneckenrad auf dem Radsatz wirkt. Problem dabei: Es gibt eine nur geringe Drehzahlreduzierung, sodass ein Motor mit wenigen Umdrehungen pro Minute gewählt werden sollte. Ein ähnliches Prinzip kann auch mit zwei Schnecken auf den beiden Enden einer Motorwelle umgesetzt werden.

- Weit verbreitet besonders in Lokmodellen der Diesel- und Elektrotraktion ist der Allrad-Antrieb über Gelenkwellen. Dabei wird das Drehmoment des meist mittig in der Lok oder des Triebwagens gelagerten Motors beidseitig über Gelenkwellen (meist Kardan) auf die Drehgestell-Getriebe übertragen, dort mit einem Schneckengetriebe übersetzt und über Stirnräder auf die Radsätze geführt.

- Bei Schlepptenderloks ist der Antrieb im Tender weit verbreitet. Dabei ist der Motor möglichst weit oben unter der Kohlenimitation zu platzieren. Die beidseitig auf der Motorwelle aufgezogenen Schnecken wirken auf ein die Drehzahl reduzierendes Getriebe und anschließend auf einige oder im Idealfall auf alle Radsätze des Tenders. Es gibt auch die Konstruktion, bei der nur das hintere Wellenende auf die Tenderradsätze arbeitet, während vorn ein Kardangelenk angeflanscht ist und die darin eingesetzte Gelenkwelle zum Schneckengetriebe in der Lok führt.

Antriebsarten

Mit Uhrwerk, Dampf oder Strom?

71

Es ist schon erstaunlich, welch schnelle Entwicklung sich bei den Antriebsarten bei Modellbahn-Triebfahrzeugen in der Geschichte dieses Hobbys vollzogen hat. Waren es bei den Anfängen der Modellbahnerei zur Mitte des 19. Jahrhunderts noch die Dampfantriebe wie beim Vorbild, die fortan auch den kleinen Lokomotiven Bewegung einhauchten, wurden diese aufgrund der Gefährlichkeit im Umgang mit Feuer und heißem Wasserdampf recht schnell von den Uhrwerkantrieben verdrängt, die auch für kräftige Kinderhände geeignet waren.

Doch der Nachteil beider Antriebe ist eine nur bescheidene Laufleistung: Bei Live-steam ist der mitgeführte Wasservorrat zur Versorgung des Dampfkessels begrenzt, und beim Uhrwerk ist es die begrenzte Spannung des Federaufzuges, die meist auch für nur wenige Runden der Lok auf dem Gleisareal genügt. Zumindest die Dampfkraft hat bis heute überlebt und erfreut sich bei Fans der großen Spurweiten von 1, 2m/G bis hin zu 5¼-Zoll-Bahnen großer Beliebtheit (siehe Kapitel 44). Bahnen mit Schlüsselaufzug hingegen sind inzwischen rar im Markt und eher im Spielzeugbereich angesiedelt.

Siegeszug des Elektroantriebs

Durchgesetzt hat sich schließlich der Elektromotor, was bei der Eisenbahn en miniature auch auf der Hand lag. Denn die Fahrzeuge rollen auf zwei Schienen. Und diese sind doch wie geschaffen, um die elektrische Spannung über den gesamten Gleisparcours zu übertragen und in den Triebfahrzeugen über die Lokräder und angeschlossene Litzen den eingebauten Motoren zuzuführen. Zumindest bei Gleichspannung ist das recht einfach. Doch gab es da auch die sich bei Einführung der Elektrotechnik rasch durchsetzende Wechselstromfraktion mit den Dreischienengleisen – doch dazu auf der nächsten Seite gleich mehr.

Mit Uhrwerk- und Dampfantrieben begann die Modellbahn-Geschichte, ehe sich schließlich die weitaus sicherere, ausdauernder arbeitende und zuverlässiger funktionierende Antriebsart mit Elektromotor durchsetzte.

Getriebe-Kunde

72

Kraftübertragung in Modellloks

Um die Antriebskraft des im Modellbahn-Triebfahrzeug eingebauten Elektromotors auf die Radsätze zu übertragen, bedarf es eines Getriebes. Die bei Modellbahnen eher selten angewandten Formen der Kraftübertragung über Ketten oder Zahnriemen möchten wir hier außer acht lassen und uns eher auf die weitverbreiteten Zahnradgetriebe konzentrieren. Diese dienen zur Übertragung von Drehbewegungen zwischen zwei oder mehr beweglichen Wellen, arbeiten schlupffrei und bringen die Kraft des Motors in abgewandelter Drehzahl und beinahe verlustfrei auf die Lokradsätze.

Früher waren in Modellbahnloks die Stirnradgetriebe üblich: Ein quer zur Fahrtrichtung eingebauter Scheibenkollektormotor trägt dabei auf dem einseitig herausschauenden Ankerwellenende ein Zahnritzel, das auf ein nachfolgendes Stirnradgetriebe arbeitet. Es reduziert durch Übersetzung die Drehzahl des Motors, wobei das letzte Getriebezahnrad in das Zahnrad der Radsatzachse greift und diese antreibt.

Als Varianten des Stirnradgetriebes gibt es auch die Kegel- und Kronenradgetriebe, bei denen der Motor allerdings längs zur Fahrtrichtung der Lok eingebaut ist und das aufgezogene Ritzel in die Krone des Tellerzahnrades greift, oder bei dem auf der Motorwelle ein kleines Kegelzahnrad sitzt, das auf ein größeres Kegelzahnrad arbeitet. In beiden Fällen wird die Motordrehrichtung rechtwinklig abgelenkt. Diese rechtwinklige Drehmomentausrichtung ist auch typisch für die heutzutage vorherrschende Getriebeform im Modellbahnbereich: das Schneckengetriebe.

Drei H0-Loks aus alter Produktionszeit von Piko und Gützold, bei denen man die unterschiedlichen Getriebetypen Stirnrad-, Kronenrad- und Schneckengetriebe und ihre Wirkungsweisen gut erkennen kann.

Gleich- und Wechselstrom

73

Welches System ist besser?

Seit weit über einem halben Jahrhundert teilt sich der H0-Markt in zwei fast gleich große Lager auf, wobei wir das Trix-Express-System (siehe Kapitel 62) hier unberücksichtigt lassen. Die eine Gruppe schwört auf das Wechselstrom-System von Märklin, die andere auf das Gleichstrom-System von Brawa, Fleischmann, Liliput, Piko, Roco, Trix und Co. In Zeiten moderner Steuerungselektronik ist der Unterschied aber auf die Montage des Schleifers unter der Lok geschmolzen, denn der eingebaute Decoder erkennt heutzutage, ob am Gleis Gleich- oder Wechselspannung anliegt. Von daher könnte jedem neuen Triebfahrzeug – so wie es z. B. ESU praktiziert – ein Schleifer beiliegen, sodass man es auf Zweischienen- oder Dreischienen-Zweileitergleis nutzen kann.

Leider hat sich dieses Konzept noch nicht im großen Stil durchsetzen können. Vielmehr bieten die Hersteller noch immer analoge Gleichstrom- sowie Wechselstromloks mit Decoder an, denn letzterer ist preiswerter bei der Fertigung als der zuvor genutzte mechanische Fahrtrichtungs-Umschalter. Außerdem gibt es für beide Stromsysteme noch die jeweiligen Ausführungen mit Betriebsgeräuschen. Welches System das bessere ist? Nun, diese Frage muss jeder für sich entscheiden! Das Gleichstrom-Gleis entspricht dem Vorbild, während beim Märklin-System die Punktkontakte optisch störend sind. Andererseits ist die flächige Stromabnahme des Schleifers zuverlässiger als die punktförmige über die Räder. Früher angeführte Argumente über Probleme bei Kehrschleifen, Flackerlicht usw. sind dagegen dank eingebauter Elektronikbausteine heute nicht mehr akut. Da die meisten Hersteller ihre Modelle auch für beide Systeme liefern, gibt es keine triftigen Argumente mehr für oder gegen Gleich- oder Wechselstrom, denn prinzipiell fahren alle mit derselben digitalen Spannungsversorgung.

Gleichstromlok mit Zweischienen-Zweileitergleis (links) und Wechselstromlok mit Dreischienen-Zweileitergleis

Kupplungssysteme

74

Alles genormt oder eher doch nicht?

Die Freude an der Modellbahn ist am größten, wenn alle Züge ohne Probleme über die Anlage rollen, egal von welchem Fabrikat. In N war das über einen langen Zeitraum möglich, als sich die Hersteller noch am Marktführer orientierten, gleiches gilt für Z und 2m. Denn in letzteren Nenngrößen sind Märklin bzw. LGB und Piko Marktführer, an deren Systemen nicht zu rütteln ist. So bieten auch die Mitbewerber und Kleinserienhersteller passende Kupplungen an. Auch in 0 orientieren sich inzwischen viele Anbieter am Lenz-System, das viele Vorteile im Betrieb bietet.

Bei der „Königsspur" im Maßstab 1:32 sieht es dagegen schon wieder bunter aus, denn hier gibt es weniger Betriebsbahner als Sammler. Die eine Gruppe bevorzugt die miniaturisierte Originalkupplung, die optisch perfekt aussieht, aber nur mit Eingreifen des Modellbahners verbunden werden kann, die andere möchte die Züge automatisch zusammenstellen und bevorzugt eine serienmäßige Modellkupplung. In der Regel werden aber gerade von 2 bis 0 immer Austauschkupplungen angeboten, die mit wenigen Handgriffen an- bzw. abgebaut werden können.

Kupplungschaos im Maßstab 1:87

Traditionell gab es für europäische Modellbahnen immer zwei Kupplungssysteme: die klassische Bügel- und die spezielle Fleischmann-Hakenkupplung. Zusätzlich nutzten wenige Modellbahner auch die in Amerika verbreitete Kadee-Klauenkupplung, die im Betrieb zahlreiche Vorteile bot, aber auch Umbauarbeiten an den Fahrzeugen erforderte. Als die Modelle immer besser und die Ansprüche der Modellbahner höher wurden, kamen auch die ersten Kurzkupplungssysteme auf den Markt (siehe Kapitel 42), die nicht immer kompatibel zu den älteren Kupplungen waren.

Zumindest sorgt die NEM 362 für Ordnung, die die Aufnahme für austauschbare Kupplungsköpfe regelt. Seither kauft man ein Modell mit einer bestimmten Kupplung, kann diese vor dem Anlageneinsatz abziehen und gegen die gewünschte Kurzkupplung tauschen. Um sich diese lästige Prozedur zu sparen, kam der Begriff des Zwischenwagens auf, der an beiden Seiten andere Kupplungen montiert hat. Dieser war bzw. ist noch immer erforderlich, wenn das Triebfahrzeug nicht über den genormten Aufnahmeschacht verfügt.

Kupplungen in verschiedenen Nenngrößen

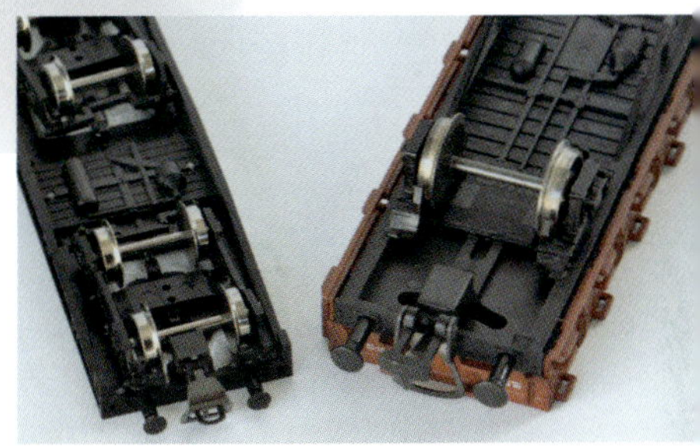

Normschacht an zwei H0-Fahrzeugen für den schnellen Kupplungstausch

Diverse Entkupplungsmöglichkeiten

Weitere Vielfalt brachten die stromführenden Kupplungen, die mit unterschiedlichen Kontakten und Anschlüssen kaum Fabrikat-übergreifend einsetzbar sind. Die mechanisch untereinander meist kuppelbaren Bügelkupplungen verschiedener Hersteller zeigten ihre Schwächen mit dem Aufkommen erster digitaler Vorentkuppel-Systeme. Die Loks hatten nun über Decoder vorentkuppelbare Kupplungshaken bekommen, die nach unterschiedlichen Systemen funktionieren. So bereiteten plötzlich Kupplungsbügel aus Metall oder Kunststoff Probleme, die sich nicht magnetisch anheben ließen.

Ähnliche Funktionsstörungen können bei fest montierten Entkupplungsgleisen auftreten, die nach unterschiedlichen Methoden arbeiten. Wer aktiver Betriebsbahner ist, könnte die Mängelliste beliebig weiterführen. Alle Probleme umgeht man mit einem festen Kupplungstyp, was speziell für Ganzzüge, die nicht zerlegt werden müssen, angebracht ist. Allerdings gibt es auch hier einen Nachteil, da sich bei einer Entgleisung nicht ein einzelner Wagen bergen lässt. Man sieht also: Probieren geht über Studieren, sodass man für seine Anlage das bestes Kupplungssystem austesten muss. Einen Überblick über alle NEM-Normen findet man unter www.morop.eu

Modelle im 3D-Druck

Die Produktion der Zukunft?

75

Der 3D-Druck ist heute in aller Munde. Doch kann man diese Technik auch für die Modellbahn anwenden? Vor einigen Jahren begannen die Modellbahnhersteller, ihre Formneuheiten anhand der vorhandenen Konstruktionsdaten auszudrucken. In den Messevitrinen fand man fortan keine handgefertigten Messingmodelle mehr, sondern bruchempfindliche Drucke, deren schichtweiser Aufbau gut zu erkennen war. Mit der Zeit kamen andere, preiswertere Druckmethoden und auch festere Materialien auf, sodass schließlich die ersten Modelle für den Verkauf entstanden. Bastler stellten zunächst ihre Eigenentwicklungen – meist von exotischen Modellen, die es in der Großserie noch nicht gab – in die gängigen Internetplattformen ein, damit sich jeder gegen eine Gebühr die Daten herunterladen konnte. Der Druck erfolgt dann am eigenen 3D-Drucker oder bei einem Dienstleister. Inzwischen gibt es von Kleinserienherstellern in allen Nenngrößen Fahrzeug-Bausätze, die neben klassischen Baugruppen aus Messing und Weißmetall auch gedruckte Kunststoffteile enthalten.

Einzug in die Modellbahnkataloge

Die Großserien-Zubehörhersteller wie z. B. Busch und Noch nutzen die neue Technik, da sich so viele kleine Ausschmückungsteile ohne teuren Werkzeugbau herstellen lassen. Allerdings sind diese Modelle noch nicht preiswerter, da die Druckzeit recht lang ist und man mit einer höheren Ausschussquote als beim Spritzguss rechnen muss. Zusätzlich fallen oft Nachbearbeitungs- und Lackierarbeiten an, die die gedruckten Modelle erst attraktiv machen. Dabei ist die Oberfläche immer noch nicht perfekt glatt, was aber nur bei der Ansicht unter der Lupe störend auffällt.

Kleinteile wie diese Gedenkkreuze lassen sich gut drucken.

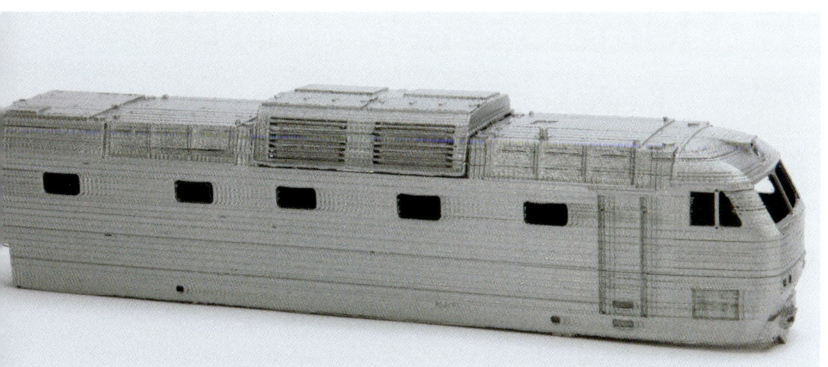

Am unlackierten Gehäuse dieser H0-Lok sind gut die einzelnen Druckschichten zu erkennen.

Am lackierten Handmuster und besonders an den Scheiben der Baureihe 212 sind die Druckschichten sichtbar.

Ein großer Vorteil der 3D-Drucktechnik ist, dass die detaillierten Ausschmückungsteile direkt fertig sind und nicht mehr aus unzähligen Einzelteilen mühevoll montiert werden müssen. So ist bei kleinen Teilen eine höhere Vorbildtreue möglich, als das bei dem klassischen Spritzguss erzielbar wäre. Typische Druckerzeugnisse sind Bahnzubehör wie Weichenspannwerke, Indusi-Gleismagnete, Gleisbau-Werkzeuge und Werkzeugmaschinen, aber auch Bahnsteigzubehör wie Gepäckkarren, Waagen oder Hubwagen. Doch auch Industrierohrleitungen mit den verschiedenen Ventilen, Abzweigen und Rohrbögen sind in H0 möglich. Für jene, die selbst eine 3D-CAD-Software beherrschen, sind die Möglichkeiten, eigene Modelle zu kreieren, nahezu unbegrenzt.

Elektromotoren

76

Kleine Kraftpakete verschiedener Arten

Ein Modellbahn-Fahrzeugantrieb besteht aus Motor, Getriebe und Treibradsatz. Diese Komponenten müssen sogfältig aufeinander abgestimmt sein, damit die Lokomotive oder der Triebwagen/Triebzug zuverlässig funktioniert und für den Anwender sorgenfrei über die Anlage fährt. Wichtigstes Bauteil bei dieser Funktionskette ist das Antriebselement – der Motor.

In den heute gängigen Nenngrößen Z bis 2 werden verschiedene Motorenbauarten verwendet: Allstrom-Motoren mit Feldspulen, Gleichstrom-Motoren mit Permanentmagnetstator sowie leicht laufende Glockenanker-Gleichstrommotoren. All diese Motoren können recht verschieden in den Fahrzeugen platziert werden: Als in Fahrzeuglängsrichtung oder senkrecht stehend eingebaute Walzenmotoren zylindrischer Bauform oder als quer zur Fahrtrichtung eingebaute Rundmotoren flacher, scheibenförmiger Bauform. Die Betriebsspannung derartiger Motoren liegt üblicherweise zwischen 8 und 18 Volt.

Eine Sonderform nimmt der zylindrische und meist klein im Durchmesser gelieferte Glockenanker-Motor ein, der sich zunehmender Beliebtheit erfreut. Die Konstruktion geht auf Fritz Faulhaber zurück, dessen Firma heute noch die Modellbahner mit diesen Motoren versorgt, die sich durch niedrige Anlaufspannung, kurze Hochlaufzeit und einen hohen Wirkungsgrad bei geringer Stromaufnahme auszeichnen.

Märklin-Motor in einem H0-Tenderlokmodell sowie Tauschmotoren verschiedener Fabrikate; der zweite Motor von rechts ist ein Glockenanker-Motor.

77

NEM-Kennzeichnungen

Piktogramme für die Normen

Die Normen europäischer Modellbahnen (NEM) des Modellbahnverbandes Europas (MOROP) sind ein recht umfassendes Regelwerk, dessen Empfehlungen auf hunderten von Datenblättern verzeichnet sind. Die Modellbahn-Industrie ist selbstverständlich angehalten, diese Normungen zu berücksichtigen und bei ihren Produktentwicklungen einfließen zu lassen. Diese Selbstverpflichtung hat in den zurückliegenden Jahren recht gut funktioniert, sodass die Erzeugnisse verschiedener Firmen technisch recht harmonisch im gemeinsamen Anlageneinsatz funktionieren.

Um dem Endverbraucher, sprich Kunden, gleich beim Kauf eines Fahrzeugmodells kundzutun, welche technische Ausstattung eines speziellen Modells ihn in der Verpackung erwartet, sind die Firmen dazu übergegangen, die in den NEM verankerten Piktogramme auf den Packungsstirnseiten ergänzend zu Artikelnummer und Fahrzeug-Bezeichnung aufzudrucken. Und auch in den Angebotskatalogen werden diese Zeichen vermehrt abgedruckt. Solch ein Piktogramm ist ein grafisches Symbol mit international festgelegter Bedeutung, das für den Kunden leicht erkennbar und verständlich sein sollte.

Alle für Modellbahnprodukte relevanten Piktogramme sind in der NEM 006 enthalten und in sieben Gruppen unterteilt: In der Gruppe A gibt es sechs Symbole mit allgemeinen Angaben zu Auslieferungsmerkmalen. Die Gruppe B umfasst die Symbole zur Kenntlichmachung der Bahnverwaltung, der Epochenzugehörigkeit und des Längenmaßstabes. Die Gruppe C dekliniert Betriebs- und Gleissystem. Unter D gibt es Angaben zu den technischen Eigenschaften von der Länge über Puffer über die eingebaute Digitalschnittstelle bis hin zur Anzahl aufgezogener Haftreifen. Die Gruppe E markiert die Art der Stirnbeleuchtung des Fahrzeugs. Wie die Ausstattung eines Reisezugwagens ist, zeigt die Gruppe F, während unter G alles zu den Zug- und Stoßvorrichtungen vermerkt ist.

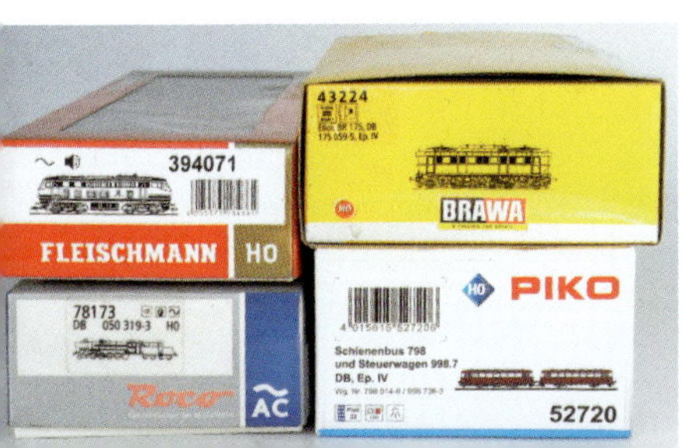

Auf den Stirnseiten von Fahrzeug-Packungen der Modellbahnindustrie wird mit Piktogrammen auf die Modelleigenschaften verwiesen.

Oberleitung

Drähte für Elloks

78

Der Einsatz von formschönen Altbauelloks, schnittigen Elektrotriebzügen oder modernen elektrischen Triebfahrzeugen ohne eine Modelloberleitung auf der Anlage wirkt einfach nicht vorbildgerecht. Im Gegensatz zu früheren Zeiten, als man den Fahrdraht zur Stromversorgung der Elloks nutzte und somit auf einem Gleiskreis einen unabhängigen Zweizugbetrieb realisieren konnte, ist im Zeitalter der Digitaltechnik die Fahrdrahtfunktion in den Hintergrund getreten, da alle Loks über die Decoder angesprochen werden.

Für die Optik hat das den Vorteil, dass man keine stabilen, gestanzten Fahrdrähte oder überdimensionierte Kupferdrähte mehr spannen muss, um eine zuverlässige Stromabnahme über die Pantografen zu gewährleisten. Doch die Frage, ob mit angelegtem Pantografen gefahren oder dieser auf einer bestimmten Höhe fixiert wird, bleibt bestehen. Beim Anlagenbau müssen entsprechenende Freiräume im Tunnel geschaffen werden, damit der Pantograf ausfedern kann. Ebenso sind Einfahrrampen erforderlich, damit er am Tunnelportal wieder in den Fahrdraht einfädeln kann.

Gelötet oder gesteckt

Die ersten Oberleitungssysteme wurden fast ausschließlich gesteckt. Wenn man das verbreitete Märklin-Systen betrachtet, gab es Halterungen für die Masten, die direkt am M-Gleis (siehe Kapitel 56) befestigt wurden. Die Fahrdrähte wurden abhängig vom verwendeten Gleis vorgebogen und eingehängt. Das war funktionsfähig, aber in den Kurven nicht vorbildgerecht. Sommerfeldt entwickelte ein eigenes Programm mit Masten aus Metall, die mittels angeschweißter Gewindestange am Trassenbrett verschraubt wurden, und einem gelöteten Fahrdraht in verschiedenen Durchmessern. Dieser wurde mit Gewichten vorbildgerecht abgespannt, sodass ein sicheres „Gesamtkunstwerk“ entstand, das nicht nur gut funktionierte, sondern auch die Anlage optisch aufwertete.

Beliebt war auch das Vollmer-System, das einen guten Kompromiss zwischen leichtem Aufbau und Vorbildtreue bot. Die aktuellste Entwicklung stammt von Viessmann: Hier werden Sockel für die Masten auf dem Trassenbrett aufgeschraubt, die Masten eingeschoben und schließlich die Fahrdrähte eingehängt. Wie bei Sommerfeldt auch gibt es zahlreiche Sondermasten, Modelle aus verschiedenen Epochen und reichlich Zubehör. Für

Straßenbahnen, Berg- und Kleinbahnen werden spezielle Einfachfahrleitungen angeboten. Die ersten Probefahrten unter Draht sollten aber immer im Schritttempo erfolgen, denn nichts ist ärgerlicher als ein beschädigter Pantograf auf der Ellok.

Trotz Oberleitung fahren viele Modellbahner mit arretiertem Pantografen.

Die Oberleitung sollte schon beim Anlagenbau berücksichtigt und eingebaut werden, ehe die Landschaft folgt.

Signale

Funktionsmodelle oder Attrappen

79

Jede Modellbahn benötigt auf der Anlage Signale. Ob diese auch funktionsfähig sein müssen oder nur als optische Attrappe dienen, bleibt jedem selbst überlassen. Wenn sie allerdings aufgestellt werden, sollten sie auch an der richtigen Stelle stehen und die vorgeschriebenen Signalbilder zeigen. In den Epochen II bis VI können Formsignale eingesetzt werden, die eine dreistufige Geschwindigkeitsvorgabe – Halt (Hp 0), eingeschränkte (Hp 2) und zulässige Strecken-Höchstgeschwindigkeit (Hp 1) – signalisieren können. Das von der Deutschen Bundesbahn eingeführte Haupt- und Vorsignal-System (H/V) basierte auf den Lichtbildern der Formsignale in Kombination mit speziellen Vor- und Hauptanzeigern.

Die DR führte das Licht-Haupt- und Vorsignal-System (Hl) mit ebenfalls roten, gelben und grünen Lichtpunkten ein. Zusätzlich wurden aber noch gelbe und grüne Lichtbalken für Fahraufträge sowie gelbe oder grüne blinkende Lichtpunkte genutzt. Damit konnten neben Fahrt mit Höchstgeschwindigkeit noch die Geschwindigkeitsstufen 40, 60 und 100 km/h signalisiert werden. Mit Gründung der DB AG wurden die Kombinations-Signale (Ks) eingeführt, die einen widerspruchsfreien Parallelbetrieb mit dem H/V- bzw. Hl-System zuließen. Man trennte fortan die Zugfolge-Signale, die anzeigen, ob gefahren werden darf oder nicht, und die Geschwindigkeits-Signale. Diese grundlegenden Unterschiede müssen beim Ausstatten einer Modellbahnnanlage berücksichtigt werden.

Signale mit Zugbeeinflussung

Bis zur Einführung der Digitaltechnik war es selbstverständlich, vor Signalen Stromtrennstellen in den Schienen einzubauen, damit der Zug bei einem Rot zeigendem Signal automatisch anhielt. Gestellt wurde per Gleisbildstellpult, Schalter oder Kontaktgleis von dem vorausfahrenden Zug. Dank dieser Technik war ein automatischer Blockbetrieb mit mehreren Zügen möglich. Auch an den Weichen gab es Signale, die die jeweilige Stellung anzeigten. Ebenso gibt es ein- und mehrfarbige Signaltafeln, die die verschiedenen Befehle anzeigen. Viele dieser Botschaften waren bei DB und DR identisch, andere unterschieden sich im Detail voneinander, weshalb es auch verschiedene Bausätze im Handel zu kaufen gibt. Aufgestellt werden alle Signale rechts neben dem Gleis, wenn kein Zusatzzeichen auf

Am Vorsignal wird Vr 0 mit zwei gelben Lichtpunkten angezeigt, was „Zughalt erwarten!" heißt.

Das Flügelsignal zeigt Hp 2 sowie einen grünen und gelben Lichtpunkt (rechts).

Preiswerte Lichtsignal-Attrappe ohne eingebaute Beleuchtungskörper (darunter)

Die drei mehrflügeligen Formsignale zeigen Hp 0 (Halt!) an, während die beiden Gleissperrsignale Sh 0 vorschreiben.

etwas anderes hinweist. Bei beengten Platzverhältnissen können auch Signalbrücken verwendet werden, die bei parallelen Gleisen mehrere Signale aufnehmen können. Während die Formsignale auch vom Stellpult gut einsehbar sind, sind insbesondere bei Tageslicht die Lichtsignale nur schlecht und von der Rückseite gar nicht wahrnehmbar, weshalb sie oft nicht alle Signalbilder des Originals anzeigten. Mit der heutigen LED-Technik ist aber zumindest die optische Darstellung möglich, sodass man an gut einsehbaren Stellen auch hochwertige Signale einbauen sollte.

An anderen Stellen können aus Kostengründen Attrappen ohne Beleuchtung aufgestellt werden. Wer komplett ohne Funktionssignale fahren möchte, wählt den vereinfachten Nebenbahnbetrieb, so wie ihn noch heute viele Schmalspur-, Museums- und Nebenbahnen praktizieren. Bei Zugkreuzungen wird anstatt beim Einfahrtsignal an der Trapeztafel (Ne 1) gehalten und per Pfeife oder Horn um Einfahrt gebeten. Erteilt der Lokführer des im Bahnhof wartenden Zuges per Pfeife oder Horn die Erlaubnis, darf eingefahren werden. Dank Soundlokomotiven ist auch diese Signalisierung im Modell wunderbar nachstellbar.

Werkstatt

80

Arbeitsplatz für Bastelarbeiten

Wenn zum Start des Modellbahnhobbys der vielbeschworene Küchentisch als Arbeitsplatz durchaus noch ausreicht, so wird es irgendwann lästig, immer alle Werkzeuge zusammenzusuchen und nach getaner Arbeit wieder wegzuräumen, weil die Familie den Platz beansprucht. Besser und auf Dauer entspannter ist es daher, im Hobbyraum eine kleine Bastelfläche vorzusehen, auch wenn man diese lieber als Anlagenfläche nutzen würde. Diese Fläche muss für die Nenngrößen H0 bis Z auch nicht allzu groß sein, aber mindestens Platz für eine 450 mal 600 Millimeter große Schneidmatte bieten. Wir haben uns zusätzlich ein kleines Regal gebastelt, in dem die verschiedenen Zangen, Schraubendreher, Messer, Sägen, Feilen, Scheren, Messwerkzeuge usw. gut zugänglich untergebracht sind. Ferner nimmt es auch kleine Vorrichtungen wie Abkantblöcke, Profillehren und Löthilfen sowie verschiedene Klebstoffe auf.

Ein Trafo speist u. a. die Mini-Stichsäge, die Tischkreissäge und den Bohrzwerg sowie den Lötkolben mit elektrischer Spannung. Ein kleiner Kompressor steht unter der Anlage und kann per Fußschalter eingeschaltet werden, um Modelle zu säubern oder zu lackieren. Praktisch sind auch ein Schraubstock sowie eine Dekopiersäge, mit der sich profilartige Bauteile gut zuschneiden lassen. Weitere Spezialwerkzeuge, die für kleinere Bastelarbeiten nur gelegentlich benötigt werden, lagert man besser in einem benachbarten Schrank, um die meist kleine Fläche nicht unnötig zuzustellen. Natürlich ist dieser Arbeitsplatz nur für Wartungsarbeiten an Fahrzeugen und die Montage von Zubehör oder diversen Bausätzen geeignet. Wer umfangreichere Arbeiten mit Kreis- und Stichsäge bzw. Dreh- oder Fräsmaschine erledigen will, benötigt weitaus mehr Platz.

Nur auf den ersten Blick wirkt dieser Arbeitsplatz im Hobbyraum unaufgeräumt. Bei genauerer Betrachtung hat jedes Werkzeug seinen festgelegten Platz.

81

Modellbahn-Typen

Laberbacken, Praktiker und Sammler

Sport – im Verein am schönsten!, so lautete vor Jahren der Aufruf einer Plakataktion in Städten unseres Landes. Dieser Slogan gilt natürlich auch und speziell für den Bereich Modellbahn. Statt im Keller still für sich allein zu basteln, sollte man dieses Hobby doch lieber unter Gleichgesinnten ausüben. Und die findet man beinahe allerorten in regionalen Clubs. Wer hiernach suchen möchte, entdeckt bei den drei deutschen Dachverbänden BDEF, SMV und MOBA (siehe Kapitel 86) zahlreiche Adressen und Kontaktdaten. Wer dann solch einen Club besucht oder einem solchen beitritt, stößt zwangsläufig auf eine farbige Bandbreite an Charakteren, die die verschiedenen Modellbahn-Typen ausmachen.

Da sind zum einen die Macher, die die geplanten Vereinsprojekte aktiv vorantreiben, Hand anlegen, zupacken. Sie sind in einem Verein meist in der Unterzahl, tragen aber am meisten dazu bei, dass es voran geht. Im Kontrast dazu stehen die Plauderer, landläufig auch Laberbacken genannt, die viel zu erzählen haben, oft alles besser wissen, doch mit Werkzeug in der Hand nichts anzufangen wissen. Aktive Modellbahner unterscheidet man dann noch zwischen Betriebsbahner, die eine Anlage betreiben und auf Fahrbetrieb großen Wert legen, sowie Sammler, die Fahrzeuge zusammentragen und in Vitrinen präsentieren. Natürlich trifft man auch auf „Mischformen“ dieser Spezies – sogenannte Allrounder.

Märklin hatte vor Jahren ein Multivisionssytem im Angebot, mit dem man sich in die Lage eines ICE-Triebzugführers hineindenken konnte – auch das ist eine Spielart des Modellbahnhobbys.

Einsteiger

82 Von Brio bis my world

Obwohl heute das Smartphone schon im Kindesalter Einzug hält, ist das klassische Spielzeug weiterhin beliebt und pädagogisch wertvoll. Daher geschieht der erste Kontakt mit der Modellbahn meist über die klassischen Holzeisenbahnen von Brio, Eichhorn und Co. Das Spielprinzip ist seit Jahrzehnten identisch: Zunächst werden Holzgleise zu einem Schienennetz zusammengeführt und dann die Loks aufgesetzt und über Magnete die Wagen angekuppelt. Ältere Fahrzeuge verfügten noch über Haken und Ösen aus Metall, die aber nach heutigen Sicherheitsvorschriften nicht mehr erlaubt sind. Trotzdem sollten Eltern und Großeltern noch nach den farbenfrohen, älteren Holzmodellen Ausschau halten, da sie zu den heutigen Systemen kompatibel sind.

Während die Gleise weiterhin aus Holz gefräst sind, werden immer mehr Modelle, teilweise mit Batterieantrieb, aus Kunststoff gefertigt. Doch der Elektrobetrieb wird mit der Zeit langweilig, sodass die meisten Kinder ihre Züge lieber selbst über die Anlage schieben möchten. Die Landschaft ist mit Klappbrücken, Bahnübergängen und anderen Funktionsmodellen durchaus vielfältiger geworden als in der Bauklotz-Zeit. Den kreativen Gleisbau mit Weichen, Kreuzungen, Brücken, Drehscheiben usw. lernen die Kinder recht schnell, so wird eine gute Basis für die spätere elektrische Eisenbahn gelegt. Für Spielzeugsammler und Eltern mit Kleinkindern ist auf jeden Fall ein Besuch des Brio-Lekoseum (www.lekoseum.se) am Unternehmenssitz im schwedischen Osby empfehlenswert.

Fahren auf Modellgleisen

Alle namhaften Modellbahnhersteller sind daran interessiert, möglichst viele Einsteiger zu gewinnen. Doch die Startpackungen von einst sind für Kleinkinder nicht mehr zulässig, man musste also neue Wege gehen. Märklin startete daher vor einigen Jahren die Initiative mit dem myworld-Sortiment und speziellen Zugpackungen für Kinder ab drei Jahren. Die kindgerechten Modelle sind dabei nicht einfach nur Spielzeugzüge, sondern kommen im verkürzten Maßstab ihren Vorbildern sehr nahe. Gleiches gilt für die den Sets beiliegenden C-Gleise, die schon einen Vorgeschmack auf die nächsthöhere Modellbahnstufe bieten. Zunächst fahren die batteriebetriebenen Züge aber noch Infrarot-ferngesteuert mit dem

Den ersten Kontakt mit der Modellbahn haben Kleinkinder seit Jahrzehnten mit den bekannten Holzeisenbahnen.

Startpackungen Märklin my world mit Doppelstockzug und Piko my Train mit Güterzug

PowerControl-Stick über die Gleise oder wahlweise auch über den Fußboden. Ebenso ist ein unabhängiger Betrieb auf der Modellbahn der Eltern- oder Großeltern möglich.

Einen Schritt weiter geht Piko mit kindgerecht farbenfrohen Zügen, die über ein großes Gleisoval und schon mit einem separaten Fahrregler gesteuert werden. Alle Wagen sind mit Kunststoff-Radsätzen ausgestattet und wie die stark vereinfachten Triebfahrzeuge kompatibel zu allen H0-Gleichstrom-Modellbahn-Systemen. Reichlich Zubehör und Funktionsmodelle ergänzen sowohl Märklins my world als auch Pikos myTrain, damit das Spiel mit der Modellbahn nicht so schnell langweilig wird.

Modellbahn-Messen

83

Mekka für alle Modellbahnfans

Spricht man mit Modellbahnern über das Stichwort Messe, so fällt sogleich der Ortsname Nürnberg – und das, obwohl die dort alljährlich Ende Januar/Anfang Februar stattfindende „Internationale Spielwarenmesse“ eine reine Fachmesse für Firmen, Händler sowie die Pressevertreter, aber für Endverbraucher eigentlich tabu ist. Eigentlich – denn viele Modellbahnkunden finden über ihre Fachgeschäftsansprechpartner durchaus Wege, diese Messe durch „Hintertürchen“ zu besuchen. Aber auch für all jene, die das Messegeschehen nur von Ferne beobachten und sich erst kurz danach von Fachpresse und TV über die dort präsentierten Produkte informieren lassen, ist diese Messe das wichtigste Ereignis der Branche. Grund: Auf dieser Leistungsschau offenbaren die meisten Firmen ihre Pläne für neue Modelle oder stellen sogar schon begonnene Mustermodelle aus. Es ist eine Neuheitenmesse, die bei den Modellbahnern Begehrlichkeiten wecken soll.

Doch ist es bei weitem nicht so, dass der Endverbraucher gar nicht an die Modellbahn-Hersteller herantreten kann. Zum einen bieten manche Firmen – etwa Auhagen, Märklin oder Piko – regelmäßig sogenannte Tage der

offenen Tür. Doch die breiter aufgestellte Plattform der Industrie bieten die übers Jahr hinweg veranstalteten Publikumsmessen. Und man kann mit Fug und Recht behaupten, dass die Modellbahnsparte mit Messen gut versorgt ist: Im Frühjahr sind das die Ausstellungen „Faszination Modellbahn“ Mannheim im März und „InterModellBau“ Dortmund im April. Im Herbst folgen die „modell–hobby–spiel“ Leipzig Anfang Oktober und die „Internationale Modellbahn-Ausstellung“ wechselweise in Köln in den geraden und Göppingen in den ungeraden Jahren. Spezielle Messen gibt es dann noch für Z in Altenbeken, für N in Stuttgart, für TT in Sebnitz, für 0 in Gießen und für 1 in Speyer.

Allen Messen gemein ist, dass Modellbahner hier den ausstellenden Firmen ihr Herz ausschütten können: Lob, Kritik, Reklamationen, Anregungen, Produktideen, Servicefragen – kein Feld bleibt dabei unbeackert. Doch viel mehr im Fokus der Besucher steht die Frage, wie weit ist die Firma x/y mit ihrem Neuheitenprojekt aus der letzten Nürnberger Ankündigung vorangekommen? Auch das Einkaufen teils zu reduzierten Messepreisen lockt viele in die Messeorte. Und nicht zuletzt sind es die unzähligen ausgestellten Dioramen und Schauanlagen von Firmen, Vereinen und privaten Modellbahnern, die solch einen Tag zum Erlebnis werden lassen. Wenn man dann zum Messeschluss beobachtet, wie viele Besucher mit prallvollen Einkaufstüten die Hallen verlassen und ihren Heimatorten zustreben, muss es einem um dieses Hobby nicht Bange sein.

Staunend stehen Kinder wie Erwachsene gleichermaßen bei Messen vor den prächtigen Modellbahnanlagen und träumen von der eigenen kleinen Welt links und rechts des Schienenstranges.

Modellbahn im Film

Kino- und TV-Events zum Thema

84

Zur Spielwarenmesse Nürnberg Ende Januar 2018 war der Märklin-Stand geprägt von einem Kinoereignis, dass das Thema Eisenbahn und Modellbahn wieder verstärkt in den Fokus der Menschheit rückte: Im Frühjahr sollte der Film „Jim Knopf und Lukas der Lokomotivführer“ in die Kinos kommen. Parallel erlangte Märklin die Lizenz, ein begleitendes Modellsortiment aufzulegen, bestehend aus Miniaturzug, Gleisparcours, Figuren und Spielteppich. Auf der Messe präsentierte sich sogar publikumswirksam eine der beiden für die Filmaufnahmen hergerichteten „Emma“-Lokomotiven – ein Bild, das durch alle großen Tageszeitungen ging und unser Hobby mal wieder ins Rampenlicht stellte. Der Film ist schon wieder Geschichte. Doch die vielen Jim-Knopf-Einsteigerpackungen sind gut verkauft worden und sorgen in Kinderzimmern noch immer für viel Freude.

In der Filmgeschichte ist das Thema Modellbahn ein immer wieder gern bemühtes. Mal rangiert es eher am Rande als Statist wie im Streifen von 1964 unter dem Titel „Dr. med. Hiob Prätorius“ mit Lilo Pulver und Heinz Rühmann in den Hauptrollen oder auch im Fernsehfilm „Kreise“ aus der TV-Serie „Polizeiruf 110“, bei dem sich Regisseur Christian Petzold von der Modellbahnthematik und dem Ausbruch aus dem Kreisverkehr inspirieren ließ. Mal bildet die kleine Bahn sogar das Hauptthema wie im Klassiker „Liebe, Tod und Eisenbahn“ von 1990, wo die Gattin des Anlagenbetreibers vom Hobby ihres Mannes derart die Nase voll hat, dass sie ihn in Rage ermordet und im Gebirgsmassiv des großflächigen Modellbahnschaustücks eingipst. Makaber, nicht wahr? Aber so spielt das Leben!

Die von Märklin parallel zum Kinofilm „Jim Knopf und Lukas, der Lokomotivführer“ aufgelegte 0e/H0-Spielbahn hat 2018 das Thema Modellbahn in die Breite getragen.

Prominente Modellbahner

85

Künstler und Politiker als Spieler

Was haben die Sänger und Musiker Peter Alexander, Johnny Cash, Phil Collins oder Rod Steward mit Politikern wie Günther Beckstein, Kurt Biedenkopf, Winston Churchill oder Horst Seehofer gemeinsam? Richtig: Sie alle sind Modellbahn-Enthusiasten. Hinzu gesellen sich bekannte Namen aus Funk und Fernsehen wie Kurt Felix, Thomas Gottschalk, Armin Maiwald oder Hans Rosenthal. Wohl klar, dass bei allen die Intensität ihrer Beschäftigung mit den kleinen Bahnen anders ausgesehen haben wird bzw. aussieht. Zumindest von Rod Steward sind Details bekannt, da dessen großflächige H0-Anlage nach nordamerikanischen Bahnmotiven schon ausführlich Thema im US-Fachblatt „Model Railroader“ war.

Doch wissen wir auch spätestens seit 2017, wie die vielfach zitierte Affinität des deutschen Innenministers Horst Seehofer zur Modellbahn ausschaut, nachdem Kamerateams nach langem Drängeln endlich in seinem Schattenreich filmen durften und es dort auch ein Treffen mit dem ehemaligen Bahnchef Rüdiger Grube samt gemeinsamem Interview für das DB AG-Reisemagazin „Mobil“ gab. Überrascht waren alle Zuschauer und Leser dann schon, dass sich Seehofers Anlage nur als Gerippe aus Gleistrassen und ungestalteten Bahnhofsarealen präsentierte, weil ihm einfach die Zeit zur Fertigstellung fehlt. Kennt man doch aus dem eigenen Hobbyleben, oder?

Als damaliger bayerischer Ministerpräsident eröffnete Horst Seehofer oft die Nürnberger Spielwarenmesse. Auf dem Foto berichtete er Buchautor Martin Menke sichtlich engagiert über seine Modelleisenbahn-Anlage im Hobbykeller.

Modellbahnverbände in Deutschland

86

Lobbyarbeit für unser Hobby

Seit über 60 Jahren ist der Bundesverband Deutscher Eisenbahnfreunde (BDEF) der Ansprechpartner und Dachverband für Eisenbahn- und Modelleisenbahnclubs, Modellbahnhersteller sowie Einzelpersonen. Er ist anerkannter Gesprächspartner der Modellbahnindustrie, deutscher Interessensvertreter im europäischen Verband MOROP, maßgeblicher Berater bei der Ausarbeitung europäischer Normen für Modelleisenbahnen (NEM) und engagierter Repräsentant für verkehrspolitische Fragen. Als mitgliederstärkster Verband von Modelleisenbahnern und Eisenbahnfreunden in Europa und zweitgrößter in der Welt wurde der BDEF am 6. August 2002 in die vom Präsidenten des Deutschen Bundestages geführte öffentliche Liste (Lobby-Liste) eingetragen. Jeweils am Himmelfahrts-Wochenende findet von Mittwoch bis Sonntag in jeweils einer anderen Region eines der größten Eisenbahnfestivals in Deutschland mit vielen spannenden Programm-Veranstaltungen statt: der BDEF-Verbandstag mit zünftigem Rahmenprogramm.

Die Verbände präsentieren sich auf Publikumsmessen oft mit Sonderausstellungen zu Modellbahn-Themen.

Der zweite im Bunde ist die Sächsische Modellbahner-Vereinigung (SMV). Sie steht bei Modelleisenbahnern und Freunden des Schienenverkehrs in Sachsen und weit darüber hinaus für aktive, kontinuierliche und kompetente Verbandsarbeit. In der SMV sind über 60 Vereine aus fast allen Bundesländern zusammengeschlossen, um gemeinsam das Hobby Modellbahn und Eisenbahn zu betreiben, um gesellig Erfahrungen auszutauschen sowie organisatorische und öffentlichkeitswirksame Aktivitäten zum gegenseitigen Vorteil umzusetzen. Die Basis für die gemeinsame Arbeit liegt in den 1950er-Jahren, als sich die ersten Modellbahnvereine bildeten. 1962 wurde in der DDR der Deutsche Modelleisenbahn-Verband (DMV) gegründet, dessen acht Bezirksvorstände (BV) territorial mit den Reichsbahndirektionen (Rbd) identisch waren. Mit der Auflösung des DMV im Jahre 1991 entfiel die bis dahin zentrale Organisationsstruktur. Einem beherzten Kreis von Modellbahnfreunden ist es zu verdanken, dass die SMV gegründet wurde. Sie trat die Rechtsnachfolge des BV Dresden des DMV an.

MOBA aktiv für Nachwuchs und Messen

Als dritte Organisation in unserem Land wurde 1994 der Modellbahnverband in Deutschland (MOBA) gegründet. Aus anfangs zehn Mitgliedsvereinen entwickelte sich eine große Modellbahn-Gemeinschaft, zu der auch fast die gesamte Modellbahnbranche als Fördermitglieder gehört. Durch viele Leistungen für die Mitgliedsvereine und insbesondere die aktive Jugendarbeit, zu der die medienwirksame Vorstellung von Jugendanlagen zählt, hat sich der jüngste Verband eine feste Anhängerschaft gesichert und ist auch auf vielen Modellbahn-Messen präsent, teils sogar organisatorisch federführend.

Die Vorstände der Verbände gehen regelmäßig die aktuellen Aufgaben und Probleme an und legen die Grundlagen für eine zukunftssichere Verbandsarbeit zum Wohle des Hobbys. Alles was zählt, ist der erlebbare Spaß am Hobby und die gemeinsam entstandene Leistung. Mit der Pflege enger Kontakte zu Verbänden und Institutionen auf nationaler und internationaler Ebene, mit der Vereinbarung günstiger Konditionen für vereinsspezifische Versicherungen und mit weiteren Leistungen werden optimale Rahmenbedingungen für die Arbeit der Vereine und Einzelmitglieder geboten. Außerdem werden Messen, regionale Modellbahn-Ausstellungen und Modellbau-Wettbewerbe organisiert und eine aktive Nachwuchsförderung betrieben. BDEF und SMV sind Mitglied im Verband der Modelleisenbahner und Eisenbahnfreunde Europas (MOROP). Auf der Internetseite www.morop.eu findet man auch die Kontaktdaten aller europäischen Modellbahnverbände.

Vorbild & Modell

Der Antrieb unseres Tuns

87

Bei allen Metiers des Modellbau-Hobbys rund um das Sachgebiet Verkehr – egal ob es der Bereich Auto, Flugzeug, Schiff oder eben Eisenbahn ist – hängt alles ganz eng zusammen mit dem Originalgeschehen im Maßstab 1:1. Bei der Modellbahn spricht man dabei vom Vorbild, treffender wäre eigentlich der Begriff Vorlage. Aber egal, hängen wir uns hier nicht an der Formulierung auf und bleiben bei sachlichen Fakten: Hinter allen Modellbahn-Nenngrößen und den dazugehörigen Maßstäben verbirgt sich ein in Zahlen ausgedrücktes Verhältnis zwischen dem Vorbild und dem umgesetzten Modell. Modelle der Nenngröße H0 im Maßstab von 1:87 sind also 87-mal kleiner als das Original. Das betrifft die Fahrzeuge auf den Gleisen genauso wie alle Dinge der Eisenbahn-Umgebung. Dasselbe gilt für alle übrigen Modellbahn-Nenngrößen, deren Maßstäbe in einer Tabelle auf Seite 132 aufgeführt sind.

Natürlich gehen Modellbahner bei der Umsetzung dann doch Kompromisse ein oder akzeptieren diese beim Kauf von Industrieprodukten. So gibt es beispielsweise bei langen Reisezugwagen nicht bei allen Fabrikaten originalgetreue 1:87-Umsetzungen, sondern auch bewusste Längenverkür-

Im DEV-Eisenbahnmuseum Bruchhausen-Vilsen aufgenommene Kombination von Vorbild- und Modell-Fahrzeugen

zungen auf 1:93,5 oder gar 1:100. Das hängt eng verknüpft mit einem anderen Kompromiss zusammen, der die Gleisgestaltung im Modell betrifft: Aufgrund begrenzter Platzmöglichkeiten für eine H0-Anlage zuhause beim Endverbraucher hat die Industrie bei der Wahl an Gleisradien nämlich einfach den Bogen enger gezogen. Bis hinunter zum Radius von 360 Millimetern geht diese Zwangskurve. Und darauf sieht es einfach nicht gut aus, wenn zu lange Wagen mit kräftigem Überhang zur Gleisbogeninnenseite rollen.

Aber auch in puncto Modellbahn-Zubehör wurde immer schon ein wenig geschummelt, speziell bei Gebäudemodellen, die in früheren Jahrzehnten stets ein wenig kleiner ausgeführt wurden als es der Maßstab eigentlich vorgeben würde. Man erkennt das bei solchen Häusern meist dann, wenn man eine maßrichtige Figur vor eine Haustür oder ein Güterschuppentor platziert und verblüfft feststellt, dass das Püppchen den Kopf einziehen müsste, um ins Gebäude gelangen zu können. Heute sind auch die Gebäudefabrikanten auf korrekte Maßstäblichkeit aus, nicht zuletzt getrieben von den sich am Markt etablierenden Laser-cut-Bausatzherstellern, die meist strikt nach Vorbild konstruieren. Sowohl diese authentischen Gebäude als auch vorbildgetreue Zuggarnituren auf originalgetreuen Gleistrassen kann der Modellbahnfan meist auf großen Vereins- oder Schauanlagen bestaunen, wohingegen es bei Heimanlagen meist bei Maßstabsabweichungen bleibt.

Beim Schmalspurfestival zu Pfingsten 2018 im Preßnitztal zeigte LGB passend zur Lokparade seine typgleichen Gartenbahn-Lokomotiven.

Autos auf der Anlage

Straßenverkehr als Modellbahn-Ergänzung

88

Eine Modellbahnanlage ohne Straßenfahrzeuge ist kaum vorstellbar, denn selbst auf reinen Fahranlagen ohne gestaltete Landschaft findet man Autoreisezüge mit verschiedenen Pkw oder mit Traktoren beladene Güterwagen. Wer seine Anlage realistisch gestaltet, kommt um die entsprechenden Modelle von Brekina, herpa, Rietze, Schuco, Wiking und Co. nicht herum. Während zu den Kindheitstagen einfache Modelle der damals gängigen Vorbilder ausreichten, sind die heutigen Miniaturen echte Kunstwerke mit vielen angesetzten Teilen, verchromten Zierleisten, eingesetzten Scheinwerfern und einer Inneneinrichtung, bei der selbst der Innenrückspiegel silbern lackiert ist. Die Außenspiegel liegen oft als separate Bauteile bei, da sie beim Transport leicht abbrechen könnten.

Für diese Verladeszene von Brennstoff wurde der Lastkraftwagen entsprechend angepasst und patiniert.

Neben attraktiven Autos gibt es auch reichlich Zubehör für die Wartung und Pflege der Modelle.

Durch diesen Qualitätssprung sind die Modelle in den letzten Jahren deutlich teurer geworden. Doch nicht allein der Fertigungsaufwand und die gestiegenen Materialkosten sind für die Preissteigerung verantwortlich, denn auch die Autokonzerne wollen ihren Teil vom Erlös abhaben. So liest man oft auf den Schachteln „Lizensiert von …“, was nichts anderes bedeutet, als dass der Modellhersteller eine bestimmte Summe von jedem verkauften Fahrzeug an den Lizenzgeber abtreten muss. Da nicht alle Modellautohersteller diesen Weg mitgehen oder wie Rietze einen langen Prozess gegen einen Konzern führen können, sind die Kataloge oft eintöniger geworden. Viele haben sich daher auf lizenzfreie Old- und Youngtimer oder spezielle Marken konzentriert. Für Modellbahner offenbart sich aber trotzdem ein breites Angebot von Fahrzeugen der Epochen II bis VI.

Kraftfahrzeuge rollen auf den Straßen

Als Pionier für bewegte Automodelle kann man die Firma Faller bezeichnen, die schon vor Jahrzehnten mit dem Auto-Motor-Sport-System (AMS) eine feste Fahrbahn mit ansprechenden Automodellen vorstellte. Auch die Trolley- bzw. O-Busse von Eheim/Brawa waren ein großer Fortschritt auf den Modellstraßen. Doch erst mit dem Faller-car-System gelang es, richtig Bewegung auf die Straßen der Modellanlagen zu bringen. Die akkubetriebenen Fahrzeuge eroberten schnell die Herzen vieler Modellbahnfans. Denn klar ist: Je mehr sich auf der Anlage bewegt, desto attraktiver und spannender wird das Ganze.

Längst sind die Fahrwege nicht mehr nur von dem in der Straße eingelassenen Draht und Schaltkontakten abhängig. Über digitale Überwachungs- und Steuersysteme können die Autos automatisch abbremsen, wenn sie ein langsam fahrendes Fahrzeug vor sich haben, an Kreuzungen blinken, an Ampeln anhalten und bei Bedarf an der Ladestation neue Energie tanken. Die Möglichkeiten sind nahezu unbegrenzt, wenn man sich in die spezielle Technik eingearbeitet oder einen der lohnenswerten Kurse bei Faller besucht hat. Inzwischen wurde das Faller-car-System digitalisiert und mit Krois kam ein weiterer Anbieter mit einem Car-System hinzu.

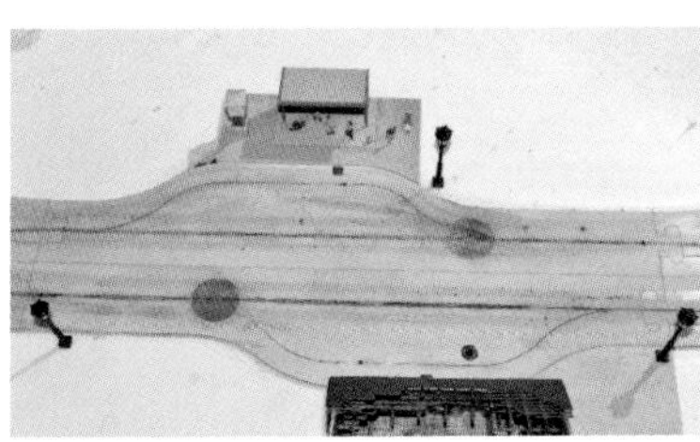

In die Modellstraße werden die Drähte und Weichen für das Faller-car-System eingebaut.

Bahnsteige

Haltestellen für Reisezüge

89

Bei der Eisenbahn gibt es unzählige Arten von Bahnsteigen mit unterschiedlichen Höhen zwischen 380 und 960 Millimetern und diversen Breiten sowie den verschiedenen Überdachungen, die es in gewisser Weise auch im Modell zu berücksichtigen gilt. Jeder kennt es aus eigener Erfahrung, dass zum Beispiel Bahnsteige an S-Bahn-Stationen eine andere Höhe haben als jene am Hauptbahnhof bei Mischbetrieb oder die einfachen Typen auf einem Kleinstadtbahnhof als Schüttbahnsteig. Die von Auhagen, Brawa, Faller, kibri und anderen Herstellern angebotenen Bausätze berücksichtigen diese Unterschiede zum Teil. Einige sind aber auch entsprechend des Vorbilds in einer solchen Höhe gebaut, dass ihn verschiedene Zuggattungen nutzen können.

Problemfall Bahnsteigüberdachung

Solche meist mit Pflastersteinen oder Asphalt befestigte Bahnsteige bieten sich für alle großen und mittleren Bahnhöfe an, wobei man immer die breitesten Varianten wählen sollte, denn schließlich sollen noch Bahnsteigabgänge, Warteräume, Räume für die Bahnsteigaufsicht, Bänke, Fahrgastinformationen usw. Platz finden. Wenn noch Elektrokarren verkehren, müssen außerdem Fahrwege und Gleisübergänge berücksichtigt werden. Für alle Nenngrößen findet man unter „Bahnsteige und Laderampen" eine NEM-Planungshilfe mit den wichtigsten Maßen, passend zum Lichtraumprofil. Die meist vorhandenen Bahnsteigdächer mit gusseisernen Säulen, Stahl- oder Holzkonstruktionen dürfen nicht breiter als die Bahnsteige sein, damit keine Züge an den Dächern anecken. Will man komplette Gleisbereiche überdachen, bieten sich große Bahnhofshallen mit gläsernen Dachflächen an. Diese müssen aber bereits vor der Verlegung der Gleise probeweise aufgestellt werden, da nachträgliche Anpassungsarbeiten nahezu unmöglich sind.

Haltepunkte auf dem Lande

Mehr Bastelaufwand erfordern die Schüttbahnsteige, die oft noch dem Radius der Gleise folgen. Für diese Spezialfälle bietet die Modellbahn-Zubehörindustrie spezielle Bahnsteigkanten mit Mauerwerk- oder Holzbohlen-Imitationen an, die im richtigen Abstand zum Gleis aufgeklebt und mit einer Füllung aus Hartschaumplatten oder Gießmasse

Diese Bahnsteige sind auch für Fernzüge ausreichend lang und über eine Fußgängerbrücke erreichbar. Als Besonderheit dieser H0-Anlage gilt das Empfangsgebäude in Hochlage mit darunter angeordneter Stützmauer.

Mit vorgefertigten Bahnsteigkanten aus Kunststoffteilen und einer Splittschüttung als Bahnsteigbelag entstand dieser kleine Haltepunkt an einer Nebenbahn.

versehen werden. Auch hier müssen abgesenkte Übergänge für die Reisenden berücksichtigt werden. Die Oberfläche wird dann wahlweise mit Erde, feinem Splitt oder auch Schlacke gestaltet. Für die Ausgestaltung der Bahnsteige bietet die Zubehörindustrie zahlreiche Accessoires und Figuren von reisenden Personen.

Bahnübergänge

Schiene trifft Straße

90

Mit zunehmendem Bahnverkehr wurden die Bahnübergange (Bü) bzw. die in Österreich als Eisenbahnkreuzung (EK) bezeichneten niveaugleichen Kreuzungen zwischen einer Eisenbahnstrecke und einer Straße für den Verkehrsfluss immer störender. Daher begann man schon in der Epoche I, komplette Bahnstrecken in den Innenstädten hochzulegen und dadurch Bahnübergänge einzusparen. Mit zunehmendem Schnellverkehr entstanden in den Epochen IV bis VI immer mehr Über- oder Unterführungen. Da letztere aber wesentlich mehr Platz beanspruchen, sind sie für Modellbahnanlagen meist ungeeignet. So müssen die Straßen über die meist höher liegenden Schienen geführt werden.

Bahnübergang mit Wärterhaus an einer eingleisigen Strecke

Bis heute haben sich dafür die Bahnübergänge der Zubehörindustrie bewährt, die es für fast alle Gleissysteme und Nenngrößen gibt. Echte Klassiker sind solche, die mit einer Mechanik ausgerüstet sind und deren Schranken beim Überfahren selbstständig schließen. Natürlich erfolgt der Vorgang viel zu spät, da so schnell kein Autofahrer reagieren könnte. Doch wann sollen die Schranken schließen? Jeder kennt es aus eigener Erfahrung, dass man oft eine halbe Ewigkeit vor geschlossenen Schranken wartet. Würde man also die Kontaktgleise oder Lichtschranken in vorbildgerechter Entfernung einbauen, wären die Schranken bei der auf Modellbahnen üblichen Zugdichte immer geschlossen. Diesen Kompromiss wählen daher viele Anlagenbetreiber und verzichten auf einen elektrischen Antrieb. Wenn man aber ausreichend Strecke hat oder der BÜ direkt neben dem Bahnsteig ist, sollte man einen Antrieb einbauen und die Schranken per Knopfdruck öffnen und schließen. Einige Bastler haben sogar schon funktionsfähige Kurbelantriebe entwickelt, deren Betrieb aber recht aufwändig ist.

Straßenbau mit Tücken

Beim Straßenbau im Gleisbereich sollte größtmögliche Vorbildnähe angestrebt werden. Die zu breiten Radprofile der Modellfahrzeuge erfordern aber meist eine größere Rille neben den Schienen als wir es in 1:1 beobachten können. Hier sind bei den eingelegten Passstücken mit Kopfsteinpflaster- oder Asphalt-Oberfläche Probefahrten mit allen Fahrzeugen erforderlich, damit es beim späteren Betrieb nicht zu Störungen kommt. Vermeiden sollte man es, Bahnübergänge in Gleisbögen anzulegen, da dann der unschöne Spalt noch größer sein müsste. Ist alles fertig, müssen noch Andreaskreuze mit oder ohne Blinklicht und die laut Straßenverkehrsordung erforderlichen Warnbaken und Verkehrsschilder aufgestellt werden. Dabei ist zu berücksichtigen, dass die bekannte Dampflok ab der Epoche V durch eine abgebildete Ellok ersetzt wurde.

Diese zweigleisige Trasse wird durch Halbschranken gesichert.

Begrünung einst und heute

Blühende Landschaften allerorten

91

Nachdem man seine Modellbahn-Gleiskreise nicht mehr nur gelegentlich auf dem Fußboden aufbaute, sondern feste Grundplatten nutzte, kam auch der Wunsch nach einer angedeuteten Landschaft mit Wiesen und Wäldern auf. Zunächst reichten aber grün bzw. braun lackierte Flächen aus, auf die Bäume mit großen Standfüßen gestellt wurden. Aus eingefärbtem Sägemehl wurden dann die ersten Streumaterialien angeboten. Das preiswerte Material gab es in nahezu allen Farbtönen von Schwarz und Grau über verschiedene Grüntöne bis hin zu bunten Blumenwiesen. Aufgeklebt wurden die Sägespäne mit Kleister oder Leim, was durchaus zu guten Ergebnissen führte. Entweder aus einem ähnlichen Material oder aus eingefärbtem Islandmoos entstanden Bäume und Büsche. Kreative Modellbahner nutzten Baumrinde für die Felsgestaltung, echte Steine, ausgesiebten Splitt, Sande und Erden sowie weitere Materialien aus der Natur.

Perfekt gestaltete Szene mit Großserienbäumen, senkrecht stehenden Grasfasern und Gemüsegarten; für all dieses Grün bietet die Zubehörindustrie reichlich Material.

Neue Techniken für die Natur

Zunächst nur in den USA angeboten, wurden kurze Zeit später die Woodland-Scenics-Produkte in Europa mit offenen Armen aufgenommen. Mit den feinen und groberen Kunststoffflocken in gedämpften Farbtönen ergaben sich komplett neue Möglichkeiten der Begrünung. Rasch kamen ähnliche Produkte deutscher Hersteller in die Regale der Fachhändler. Auch für die immer feiner werdenden Bäume konnte das neue Material genutzt werden. Ein weiterer Fortschritt kam aus der Automobilindustrie: Dort wurden feine Fasern zur Dämmung verwendet, die sich richtig eingefärbt auch als Gräser auf der Modellbahn eigneten. Zunächst musste man diese noch als ganze Matten kaufen, denn nur in den Werkhallen ließen sich die Fasern elektrostatisch aufladen (siehe Kapitel 93), sodass der Eindruck einer gemähten Wiese entstand.

Mit dem Laser wurden zudem von Noch die verschiedensten Gemüsesorten und Wildpflanzen aus grünen Kartonplättchen herausgeschnitten. Busch fertigte aus feinstem Kunststoff allerlei Pflanzen für den Hausgarten, den Wald und das Feld an. Selbst einzelne Tomaten mussten von nun an an die Stiele geklebt werden. Durch den 3D-Druck können inzwischen auch komplette Kohlköpfe oder andere Nutzpflanzen preiswert produziert werden.

Bei den Bäumen ist die Entwicklungsgeschichte ebenfalls recht rasant verlaufen. Sie sind nicht nur förmlich in die Höhe geschossen, sondern auch immer realistischer geworden. Die oft in Handarbeit produzierten Laub- oder Nadelhölzer stehen im Wettbewerb mit preiswerteren Großserienprodukten. Daher unser Tipp: preiswerte Großpackungen für den Hintergrund nutzen und schöne Einzelbäume an exponierten, gut einsehbaren Standorten aufstellen.

Bodendecker, Gartenpflanzen und vorbildgerechte Bäume gibt es bei Busch, Faller, Heki, miniNatur oder ModelScene.

Viele Modellbahner überarbeiten ihre Landschaft mit den neu aufkommenden Geländematten mit Grasimitation.

Brücken-Bauwerke

Drunter und drüber

92

Nichts liebt der Modellbahner beim Bau seiner Anlage mehr als Brücken. Viele übertreiben es dann auch gern so wie auf unserem Bild zu dieser Doppelseite, oder ist Ihnen in der Natur schon mal solch eine Staffelung von Brücken zur Überwindung eines Tals begegnet? Wohl eher nicht. Und trotzdem wirkt das Motiv durchaus sympathisch und macht diese H0-Anlage für Betrachter interessant. Es ist einfach imposant, wenn Modellzüge abenteuerliche Brückenkonstruktionen überfahren, weil wir uns gedanklich auf der Brücke im Zug wähnen und in den schauerlichen Abgrund starren und uns gar nicht ausmalen mögen, dass die Brücke einstürzt oder der Zug entgleist und in die Tiefe fällt ...

In der technischen Definition ist eine Brücke ein Ingenieurbauwerk, das einen Verkehrsweg über Wasserläufe, Straßen, Bahnstrecken, Täler oder andere Hindernisse hinwegführt. Eine Brücke besteht aus dem Brückenoberbau als Haupttragwerk mit der Fahrbahn sowie aus dem Brückenunterbau aus Pfeilern, Stützen, Widerlagern und Fundamenten. Nach den verwendeten Baustoffen für den Überbau unterteilt man Brücken in die Arten Holz-, Metall-, Stahlverbund- und Massivbrücken. Betrachtet man die Bauform von Brücken, so unterscheidet man zwischen Balken-, Platten-, Rahmen-, Bogen-, Gewölbe- und Hängebrücken.

Wer eine Brücke für seine Anlage plant, muss diese nicht zwingend selbst bauen, denn die Zubehör-Hersteller bieten über alle Nenngrößen hinweg verschiedene Brückenbauarten und auch für diverse Verkehrsmittel, also Kraftfahrzeuge als auch Eisenbahnen. Zudem gibt es mit den beiden Kleinserienfirmen Hack und Luetke auch zwei Spezialanbieter, die gern auch auf Kundenwünsche eingehen, wenn eine ganz spezielle Brücke gewünscht wird. Dasselbe gilt für Laser-cut-Hersteller wie Joswood oder LaserSachen.

In der Modellbahnschau Holle-Bahn im nordhessischen Fürstenhagen ist diese Brückenansammlung zu bestaunen, die kaum vorbildgerecht, aber durchaus imposant ist.

Der Elektrostat

Wenn Grashalme aufrecht stehen sollen

93

Nach der Ära des eingefärbten Sägemehls und der in unterschiedlichen Größen und Farbmischungen erhältlichen Kunststoffflocken sind derzeit feine Fasern der Renner bei der Gestaltung von Wiesenflächen. Die in unterschiedlichen Längen und Farben angebotenen Grasfasern haben ihren Ursprung als Dämmmaterial in der Automobilindustrie. Daher konnten zunächst nur die Zubehör-Produzenten die Fasern elektrostatisch auf vorkonfektionierten Matten aufbringen. Später gab es extrem teure mobile Geräte, die zunächst nur Profi-Anlagenbauer einsetzten und gelegentlich von Fachhändlern an Modellbauer verliehen wurden. Wer genug Kraft in den Fingern hatte, nutzte einfache Kunststoffflaschen, füllte Grasfasern ein und schoss diese auf die vorgeleimten Flächen. Mit etwas Übung standen die ebenfalls aufgeladenen Fasern senkrecht.

Elektrogeschosse erobern die Hobbywerkstatt

In den letzten Jahren wurden u. a. von Faller, Heki und Noch bezahlbare Geräte mit Spannungsversorgung über Batterie oder ein Netzteil entwickelt. Mit diesen lassen sich je nach Geräteleistung die gängigen Fasern mit einer Länge von 1,5 bis zwölf Millimetern verarbeiten. Voraussetzung für eine realistische Wirkung ist die Vorbereitung des Untergrundes mit einer festen Erd- oder Sandschicht. Auf diese wird punktuell, idealerweise mit einem Naturschwamm, der spezielle Gras-Kleber aufgebracht. Dieser trocknet transparent aus und bindet im Vergleich zu Weißleim langsamer ab, sodass genügend Zeit für den Grasauftrag bleibt.

Damit der Strom auch fließen kann, steckt man eine Nadel oder einen Nagel in die zu begrünende Fläche und schließt daran die Krokodilklemme des Elektrostaten an. Je nach Gerätetyp werden anschließend die Fasern je nach Länge durch unterschiedliche Vorsatzsiebe aufgebracht. Wenn die Fasern leicht angetrocknet sind, kann das überschüssige Material abgesaugt werden. Hierzu sollte man einen sauberen Akkusauger mit Vorratsfach verwenden, da die Fasern wiederverwendet werden können.

Im zweiten Schritt wird mit dem Schwamm punktuell Leim aufgetragen und eine weitere Schicht andersfarbiger Gräser aufgebracht. Diesen Vorgang kann man je nach Wiesenart beliebig oft wiederholen. Auf keinen Fall sollte sich dabei ein einheitliches Bild ergeben, denn Naturwiesen haben immer feuchtere und trockenere Stellen mit unterschiedlich langen Halmen und diversen Farbschattierungen. Ein besonders guter Effekt ergibt sich daher, wenn man verschiedene Gräser mischt und gemeinsam aufträgt. Wer diese Technik vom Profi erlernen möchte, sollte ein Bastelseminar besuchen, dass von einigen Zubehörherstellern und örtlichen Fachhändlern angeboten wird.

Elektrostat-Begrasungsgeräte mit Netzteil von Heki und mit Batterie von Noch sowie eine simple Gras-Spritzdose (rechts) für die Begrünung von kleinen Flächen

Bei allen Elektrostat-Geräten muss in die feuchte Grasfläche ein Gegenpol gesteckt werden, was eine Stecknadel wie hier oder ein Nagel sein kann.

Modell-Figuren

Damit es auf der Anlage lebendig wird

94

Eine Modellbahnanlage wird niemals fertig, lautet eine oft schon gelesene Weisheit in unserem Hobby. Mag sein. Aber wann ist denn fertig überhaupt fertig? Für uns ist das dann der Fall, wenn nicht nur der Zugbetrieb auf den Gleisen rollt, sondern auch die Landschaft drumherum stimmig ist und auch Straßenfahrzeuge und Figuren aufgestellt sind. Und um letzteren Bereich soll es in diesem Abschnitt gehen – um Lebewesen als miniaturisierte Abbilder der Wirklichkeit.

Die Eisenbahn wurde erfunden, um vorrangig Personen (und auch Güter) von A nach B zu transportieren. Ergo ist der Mensch Mittelpunkt bei diesem Verkehrsmittel. Er eilt durch das Empfangsgebäude, wartet auf dem Bahnsteig, sitzt in den Waggons und lässt sich chauffieren. Doch er ist auch derjenige, der den Bahnbetrieb aufrechterhält, die Lok steuert, die Fahrkarten kontrolliert, an den Strecken und auf Bahnhöfen für Sicherheit sorgt oder im Mitropa-Restaurant bzw. im Speisewagen den Kaffee ausschenkt. All das möchte der Modellbahner auf seiner Anlage gern nachstellen. Und dieser Drang ist genauso alt wie das Hobby selbst.

Faller, Merten, Noch und vorrangig Preiser versorgen den Modellbahner mit Figuren.

Das Modellieren einer Figur in Wachs ist ein zeitraubender Prozess, was bei Preiser alljährlich während der Nürnberger Spielwarenmesse demonstriert wird.

Frühe Figuren der größeren Maßstäbe waren aus Holz, Pappmaché oder aus einer keramischen, gebrannten Masse gefertigt – immer bunt bemalt mit leuchtenden Farben und hervorgehobenen Gesichtszügen, Knöpfen, Gürteln oder Reiseaccessoires. Noch zur Pionierzeit der sich rasch verbreitenden Nenngröße 00 bzw. später H0 waren die Figuren meist größer als die umgerechneten 1,77 Meter bei Männern und 1,65 Meter bei Frauen. Denn mit den Proportionen nahm man es damals nicht so genau, übrigens auch bei den Fahrzeugen nicht.

Heute ist die Firma Preiser als Marktführer in Sachen Figuren schon darauf bedacht, den gewählten Maßstab exakt einzuhalten und die Strukturen an den „Püppchen" so authentisch wie möglich zu modellieren. Die vor einigen Jahren hinzugekaufte Marke Merten komplettiert das Sortiment und deckt auch Nischennenngrößen wie etwa TT ab. Inzwischen haben auch die vor rund zehn Jahren in Deutschland eingeführten Noch-Figuren ihren Platz im Markt gefunden, auch wenn sie anfangs ein wenig pummelig daherkamen. Mit all diesen Angeboten an Mensch und Tier in Form von Modellen wird eine Anlage dann wirklich komplett, also fertig.

Gebäude-Technologien

95 Kunststoff, Holzwerkstoffe oder Karton

In der Frühzeit der Spielzeugeisenbahnen entstanden die Gebäude zunächst aus bedrucktem Blech. Gut erhaltene Stücke sind heute wertvolle Sammelobjekte. Weniger gesucht, aber trotzdem historisch wertvoll sind die aus Holz und Karton gebauten Modellhäuser, die mit verschiedenen Naturmaterialien verziert und meist als Fertighäuser angeboten wurden. Gute Modelle sind allerdings selten, da Holzwürmer, Feuchtigkeit oder Staub die Materialien im Laufe der Jahrzehnte angegriffen haben. Der große Durchbruch gelang der Industrie mit dem Kunststoff-Spritzguss, der eine Massenfertigung ermöglichte. Auch hier gab es zunächst noch viele Fertigmodelle, bis sich die heute üblichen Bausätze durchsetzten. Der Versuch, noch realistischere Objekte umzusetzen und dabei die Kosten im Rahmen zu halten, waren Faller-Gebäude der Marke „combi-kit", die überwiegend aus bedrucktem Karton bestanden, aber auch Kunststoffteile enthielten.

Artitec machte schließlich das Resin bekannt. Der niederländische Hersteller bietet detaillierte Gebäudebausätze an, die allerdings komplett lackiert werden müssen. Da bereits alle Details wie Lampen, Türen oder auch das Fachwerk an den fertigen Wandteilen angeformt sind, hängt die optische Wirkung von der Lackierung ab. Nicht unerwähnt bleiben sollen auch die Spörle- oder Linka/Noch-Gießformen, die es ermöglichen, komplette Häuserfronten, Giebel und Dachflächen aus Gips zu gießen. Noch anspruchsvoller sind

Mit dem Laser können Ziegelsteine oder Dachpfannen in Karton graviert werden.

Aus verschiedenen Materialien entstand zu DDR-Zeiten der VERO-Bahnhof Fichtenhain.

Die Bio-Bausätze von Vollmer setzten sich leider nicht durch.

Überwiegend aus Holzwerkstoffen gefertigtes Faller-Gebäude 258

Gebäudebausätze aus geätztem Metall, die gebogen, verklebt oder gelötet, grundiert und lackiert werden müssen. Die Hornby-Gruppe startete schließlich mit ebenfalls aus Kunstharz gegossenen Gebäuden, die allerdings schon fertig montiert und lackiert sind. Diese sehen perfekt aus und werden noch heute von verschiedenen Fachhändlern angeboten, haben aber den Nachteil, recht schwer zu sein.

Die Laser-cut-Technik veränderte die Marktlage

Aus ökologischen Gründen startete Vollmer eine Produktserie mit Kunststoff aus nachwachsenden Rohstoffen, die sich jedoch nicht am Markt durchsetzen konnte. Wesentlich erfolgreicher sind die Laser-cut-Hersteller, deren Gebäude heute in fast allen Sortimenten zu finden sind. Im Gegensatz zu den nur als Nischenprodukte angebotenen Bauwerken aus gefrästem Kunststoff lassen sich mit dem Laser auch größere Serien zu vernünftigen Preisen produzieren. Je nach Fabrikat werden für tragende Wände oft MDF-Platten oder solche aus Holzverbundwerkstoffen verwendet, die in den Nenngrößen 2 bis 0 noch lackiert werden müssen. In den Maßstäben 1:87 bis 1:220 werden die Platten oft mit farbigem Karton verkleidet, sodass keine farbliche Nachbehandlung erforderlich ist. Der Großserienhersteller Busch verwendet bei vielen Gebäudebausätzen neben MDF und Karton auch Kunststoffplatten oder Folien mit Stein- oder Ziegelstruktur. Denn der Laser kann schnell und preiswert schneiden, für die Oberflächengravur von Dachpfannen, Schieferplatten oder Holzbalken wird aber viel Zeit benötigt, daher sind die Bausätze teurer. Im Fazit betrachtet, stehen dem Modellbahner heute viele unterschiedlich produzierte Gebäude zur Verfügung, die sich in der Regel gut miteinander kombinieren lassen.

Laser-cut-Konstruktionen

Brücken und Krane als gute Beispiele

96

Viele Modellbahner trauen dem mit dem Laser geschnittenen Karton keine dauerhafte Wertbeständigkeit zu. Da es diese Bausätze auch erst seit etwas mehr als zehn Jahren in größeren Stückzahlen gibt, kann die Aussage weder widerlegt noch bestätigt werden. Da es Papier und Karton aber schon seit Jahrhunderten gibt und viele Schriften und Drucke erhalten blieben, kann man davon ausgehen, dass auch Konstruktionen aus Karton dauerhaft halten. Voraussetzung sind dafür neben hochwertigem, möglichst durchgefärbtem Karton eine solide Konstruktion der Bausätze mit Zapfen und Nuten. Denn nur eine reine Klebeverbindung bereitet schon beim exakten Zusammenbau Probleme und bietet keine statische Sicherheit. Diesen Zusammenhang haben fast alle Hersteller erkannt und nutzen die Nuten und Zapfen nicht nur zur Zentrierung der einzelnen Bauteile, sondern versteifen damit auch die Konstruktion.

Alle Stahlgerüstträger bestehen wie die anderen Bauteile dieser Krananlage aus versteiftem Karton. Mittels Nuten und Zapfen wird die Stabilität garantiert.

Zierliche Gerüstkonstruktionen

Feststehende Gebäude mit großer Grundplatte, stabilen Wänden und vielleicht auch Zwischenetagen sind immer ausreichen stabil, unabhängig vom verwendeten Material. Bei zierlichen Gerüstkonstruktionen sieht es dagegen anders aus. Wer jemals eine Brücke aus feinen Metallätzteilen gebaut hat, wird den Aufwand des Biegens, Steckens und Verlötens kennen. Der Lohn nach vielen Arbeitsstunden ist ein zierliches und stabiles Bauwerk. Kunststoffbrücken lassen sich mit ihren vorgefertigten Bauteilen samt angeformter Details leichter montieren, erfordern aber eine dickere Materialstärke als es das Vorbild umgerechnet hätte.

Die Laser-cut-Bausätze liegen irgendwo dazwischen. Da der Laser in erster Linie schneidet, erhalten die Bauwerke mit dem Stahlfachwerk ihre Stabilität durch das Zusammenfügen mehrerer Lagen Karton. Dieser wird in der Regel schon im korrekten matten Farbton geliefert und hat beispielsweise bei Joswood auch angravierte Nietreihen. Die nichttragenden Elemente und Geländer können dabei eine Dicke von nur 0,3 bis 0,5 Millimetern haben. Stützweiten von 360 Millimetern, so wie sie Noch bei Brücken anbietet, sind ebenfalls kein Problem.

Vom Gestaltungsaufwand her sind die Kranstützen und -brücken ähnlich. Auch hier gilt es, die Aufbauten und Laufkatzen zu tragen. Beides ist aber weniger belastet als eine Brücke mit darüberfahrenden Zügen. Gegen Temperaturschwankungen oder Luftfeuchtigkeit sind die Bausätze resistent. So zeigt das Fördergerüst einer Zeche, das seit Jahren in unserem unbeheizten Treppenhaus steht, bisher keine Verwerfungen oder andere Schäden am Karton, was für die Haltbarkeit von Laser-cut-Konstruktionen spricht.

Diese Kartonbrücke hat schon viele Ausstellungen und Winter in unbeheizten Räumen überstanden.

Dieser Bekohlungskran ist recht einfach aufgebaut, aber trotzdem ausreichend stabil.

Lokschuppenarten

Übernachtungsplätze für Triebfahrzeuge

97

Rechteckschuppen wurde in allen möglichen Grüßen gebaut. So kann man diesen einständig am Stumpfgleis genauso aufstellen wie im Bahnbetriebswerk mit mehr als zehn Ständen im Anschluss einer Schiebebühne. Er ist für alle Anlagenthemen von der Epoche I bis VI geeignet. Während zwischenzeitlich andere Bauformen in den Vordergrund traten, werden heute alle Lokschuppen und Wartungshallen als Rechteckschuppen ausgelegt. Die Länge richtet sich dabei nach dem vorhanden Platz und den abzustellenden Lokomotiven und Triebwagen. Die gängigen Bausätze bieten meist zwei Stände und Raum für ein oder zwei Lokomotiven hintereinander. Durch die Kombination mehrerer Bausätze ist eine nahezu unbegrenzte Erweiterung möglich. Angeschlossen werden die Schuppengleise meist über Weichenstraßen, manchmal über Schiebebühnen und seltener über Drehscheiben.

Ringlokschuppen nicht nur für Dampfloks

Wenn man rund einen Quadratmeter Platz auf der Modellbahnanlage hat, sind Ringlokschuppen mit vorgelagerter Drehscheibe beliebt, da man dadurch viele Lokomotiven abstellen kann. Die Gebäude werden von der Modellbahn-Zubehörindustrie meist mit drei Ständen angeboten, die sich beliebig erweitern lassen. Beliebteste Drehscheibe ist das Gemeinschaftsprojekt von Fleischmann/Märklin gewesen. Auf der Scheibe mit einer Bühnenlänge von 310 Millimetern lassen sich selbst große Dampfloks wie die Baureihe 45 problemlos drehen. Wichtiger bei dieser und auch der kleineren Roco-Drehscheibe sind die veränderbaren Abzweigwinkel, sodass auf 180 Grad gesehen unterschiedlich viele Stände im Lokschuppen möglich sind.

Eine vom Ringlokschuppen abgeleitete Spezialform sind die Rundhäuser, die in einem Winkel von 360 Grad um die Drehscheibe herum gebaut wurden, aber auf Modellbahnanlagen kaum zu sehen sind, da man so die Lokomotiven nicht ansprechend präsentieren kann. Eine andere bauliche Änderung kann man aber gut im Modell darstellen: Da die Dampfloks immer länger wurden, wurden auch die Lokschuppen gedehnt. So kann man auch einige Stände an der Rückseite verlängern, was im umgekehrten Fall bedeutet, dass man an den kurzen Ständen weniger Anlagenplatz benötigt und trotzdem alle vorhandenen Loks abstellen kann.

Ringlokschuppen mit Drehscheibe benötigen viel Platz, bieten aber auch viel Abstellfläche für Loks.

Der Rechteckschuppen bietet Platz für zwei Loks, bei kurzen Maschinen auch für vier.

Für Kleinlokomotiven wurden auf Bahnhöfen einfache Wellblechschuppen aufgestellt.

Modellbahn-Winter

Weiße Pracht auf Anlagen

98

Der Winterbetrieb auf einer Modellbahnanlage ist ein stimmungsvolles Thema. Dennoch scheuen viele Modellbahner die kühle Atmosphäre als Dauerzustand. Das ist schade, denn die Zubehörindustrie hat zahlreiche Winter-Packungen in ihren Sortimenten, sodass das Bauen in Weiß eigentlich gar nicht schwer fallen sollte (siehe Tabelle rechts). Der Klassiker beim winterlichen Anlagenbau ist natürlich Spachtelmasse: Egal ob dickpolstrig beschneite Hausdächer, bis zur Schienenoberkante eingeschneite Gleise oder durch Schneeräumfahrzeuge aufgetürmte Schneehaufen – mit Spachtelmasse bekommt man das gut hin. Zusätzlich können noch Schneeeffektmaterialien wie Glimmerpulver oder weiße Leimfarbe aufgetragen werden.

Größere Probleme bereitet eher schon die Vegetation, denn auch die muss eingeschneit werden. Zum Glück helfen hier einige Industrieprodukte wie die mit Schnee bestäubten Nadelbäume von Auhagen, Busch oder Noch. Baumkronenrohlinge für winterliche Laubbäume sind beispielsweise im Faller-Winterset enthalten. Man kann auch andere Baumrohlinge verwenden oder passende Naturprodukte, auf Belaubungsmaterial dann verzichten und die Äste obenauf mit weißer Schneepaste bestreichen. Und dann wäre noch das wichtige Thema Belebung anzusprechen, denn was wäre eine Winteranlage ohne rodelnde Kinder oder Skifahrer? Auch hierzu haben wir in der unteren Tabelle rechts einige H0-Angebote aufgeführt.

Geeignete Materialien für Schneelandschaften

Hersteller	Artikelnummer	Produktbezeichnung
Auhagen	77594	Eiszapfen aus Karton
Auhagen	77033	Winterzauber/Schneeglimmer
Auhagen	77034	Trockenfarbe weiß
Busch	6465	Wintermärchen-Set
Busch	7001	Schnee-Geländebauspray
Busch	7171	Schneeglitzer
Faller	170466	Schneepaste
Faller	170467	Schneepulver
Faller	170735	Winter-Set
Faller	190499	Winter-Gebäudeset
Heki	3343	Schneeglitzer
Noch	08750	Pulverschnee
Noch	08752	Schneepaste
Noch	08758	Winter-Set
Noch	08760	Schneeflocken
Noch	61164	Strukturschnee
Woodland Scenics	95790	SoftFlake-Modellschnee

H0-Figuren-Sets für Winter-Szenen

Hersteller	Artikelnummer	Produktbezeichnung
Busch	1151	Figurenset Winterkuriositäten
Merten	2132	Reisende mit Skiausrüstung
Merten	2144/-50	Skifahrer/-innen
Merten	2215	Schlittschuhläufer
Merten	2221/-27	Eiskunstläufer
Merten	2230	Kinder/Schlitten/Schneemann
Noch	15819	Kinder im Schnee
Noch	15826	Snowboarder
Noch	15827/-28/-29	Skifahrer
Noch	15831	Schlittschuhläufer
Noch	15928	Winterarbeiten
Noch	15930	Familie Meier im Winter
Preiser	10310	Familie Krause im Schnee
Preiser	10312/-13	Skiläufer
Preiser	10314/-15	Schlittschuhläufer
Preiser	10316	Wintersportler

Stellwerke

99

Überwachungsplätze für Weichen und Signale

Auf vielen Anlagen stehen Stellwerksgebäude, aber oft werden hier Fehler bei Gebäudeauswahl und Aufstellung gemacht. So passt das große, drei Stockwerke hohe Zentralstellwerksgebäude kaum zu einer Nebenbahn, während umgekehrt mehrere kleine Stellwerke früher sogar in einem Großstadtbahnhof nicht untypisch waren. Anfangs gab es bei der Eisenbahn keine Stellwerke. Jede Weiche wurde vor Ort umgestellt. Später kamen auf etwas besser ausgestatteten Strecken oft noch Einfahrsignale, manchmal auch Ausfahrsignale hinzu. Die Signale wurden meistens schon zentral gestellt. Bei einfachen Verhältnissen ist das heute noch vereinzelt zu finden. Vielfach gab es auf Nebenbahnen die sogenannten Handweichenposten. Dazu steht meistens eine kleine Bude aus Holz oder gemauert neben dem Gleis.

Waren es zu viele Weichen an einem Bahnhofskopf, baute man ein Stellwerk. Von dort aus wurden dann alle wichtigen Weichen und die Signale gestellt. Wichtig ist der ungehinderte Blick auf die Gleise, um prüfen zu können, ob die Gleise frei sind. Nicht ungewöhnlich ist es, wenn an einem Bahnhofskopf ein Stellwerk vorhanden ist und am anderen Bahnhofskopf das Stellwerk eingespart wurde, weil dort ohnehin das Empfangsgebäude steht. Dort befinden sich die Hebel oder ein Kurbelwerk manchmal auf dem Bahnsteig. Meistens wurde ab den 1920er-Jahren diese Stellwerke witterungsgeschützt mit einem Vorbau am Empfangsgebäude umbaut.

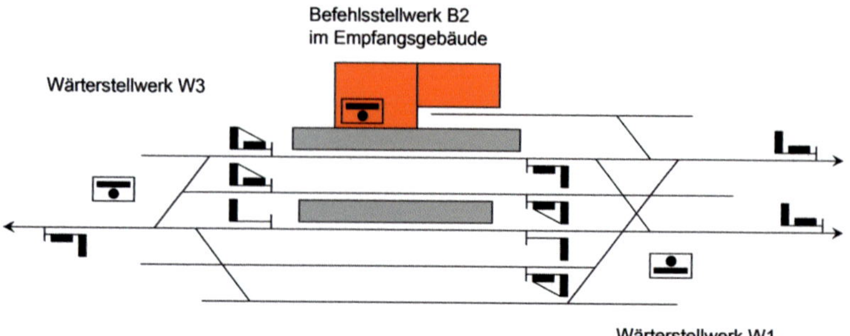

Lageplan eines Bahnhofs mit der typischen Anordnung der Stellwerke

Änderungen, wenn die Moderne einzieht

Mit steigender Bahnhofsgröße oder wenn das Empfangsgebäude in der Bahnhofsmitte steht, sind weitere Endstellwerke denkbar. Das gilt für Bahnhöfe mit Formsignalen. Auch bei Bahnhöfen mit Lichtsignalen gibt es manchmal weiterhin Stellwerke, wenn die Weichen noch mit der alten Technik gestellt werden. Hat ein Bahnhof in den modernen Epochen elektrisch gestellte Weichen und Lichtsignale, ist fast immer ein Gleisbildstellwerk vorhanden, das an beliebiger Stelle im Bahnhof errichtet werden kann. Selbst bei den heute üblichen elektronischen Stellwerken mit Ks-Lichtsignalen (ESTW) geschieht das vereinzelt auf Nebenbahnen.

Die Gebäude für mechanische und elektromechanische Stellwerke sind abhängig von der Anzahl der Weichen und Signale unterschiedlich groß. Die kleinste Bauform ist die Blockstelle mit zwei Signalhebeln und vier Blockfeldern. Dafür reicht ein sehr kleines Gebäude aus. Bei einem Knotenbahnhof mit mehr als 100 Weichen und Signalen im Stellwerksbezirk kann ein Gebäude für ein mechanisches oder elektromechanisches Stellwerk auch bis zu 25 Meter lang sein, oder es gibt mehrere kleine Stellwerke.

Die Modellbahnhersteller haben überwiegend ältere Stellwerksgebäude im Angebot, was trotzdem deren Nutzung für moderne Epochen erlaubt. Zu beachten ist, dass die Eisenbahn früher regionaltypische Baustile nutzte, die sich von Direktion zu Direktion oft stark unterschieden. Das Vorbild des Stellwerks Cölbe von kibri (39488) ist nur für die Eisenbahn in Hessen üblich, während das Auhagen-Stellwerk Oschatz (11411) mit leichten Varianten in ganz Sachsen zu finden war. Beides waren Gebäude für Mechanik oder Elektromechanik. Bei den Gleisbildstellwerken gibt es keine große Auswahl. Das beste Gebäude, das auch für das ganze Gebiet der Bundesbahn passt, ist das kibri-Stellwerk Geislingen (39317). Für die Reichsbahn gibt es leider noch kein passendes Gebäude der Epoche IV. Faller bietet inzwischen ein typisches Gebäude für ein ESTW an (120214), wobei das ein Technikgebäude mit Bedienplatz ist, wie man es inzwischen oft sieht.

Auf einem Auhagen-Bausatz basierendes Stellwerksgebäude

Tunnel-Bauwerke

Wenn der Zug im Dunkeln verschwindet

100

Tunnel gehören eisenbahntechnisch zu den Kunstbauwerken und üben auf den Eisenbahnfreund und schon gar auf den Modellbahner eine ungetrübte Faszination aus. Wer bei einer Dampfsonderfahrt schon vor einem Tunnelmund gestanden hat, lange Zeit vor Ankunft des Zuges ein Grummeln im Tunnel vernahm und dann die herausschießende Lok mit dem explodierenden Rauchpilz auf den Film bannte, weiß, von was wir hier reden. Bei Modelllokomotiven mit Raucheinsatz im Schornstein kann man das sogar im Kleinen nachstellen.

Die Definition beschreibt den Tunnel als Bauwerk in Form einer künstlich geschaffenen, meist leicht geneigten Röhre zur unterirdischen Weiterführung eines Verkehrsweges. Gebaut werden Tunnel meist dort, wo die topografischen Verhältnisse es erfordern, weil Berge und Gebirgszüge die Verlegung der Gleise in den Untergrund erzwingen und der Tunnelbau weniger Kosten verursacht als das Sprengen und Ausbaggern eines Einschnitts.

Tunnel-Modelle gibt es genug

Schon in frühester Zeit des Modellbahnhobbys gab es Tunnel als Zubehör zu kaufen. Die ursprünglichen Produkte waren aus Blech geformt und grün und grau mit Nachbildungen von Gras und Fels angestrichen, später dann aus Pappmaché gepresst und reichlich dekoriert. Einfach auf die auf dem Fußboden ausgelegten Gleise gestülpt – fertig war die Illusion eines Gebirgszuges, durch den der Modellzug natürlich schnell hindurchgehuscht ist. Wer es ganz preiswerte mag, kann einen Tunnel auch aus einem Karton basteln und mit Landschaftsbaumaterialien aus dem Zubehörbedarf bekleben.

Mit vorbildgerecht langen Tunneln hat das eben Beschriebene natürlich nichts zu tun. Wer authentischer bauen möchte, muss schon mehr Aufwand betreiben. Für die Tunnelportale bietet die Zubehörindustrie über fast alle Nenngrößen hinweg genügend Produkte aus Kunststoff, gelasertem Karton oder hartem Gips. Für die seitlichen Stützmauen und das Tunnelgewölbe gibt es zahlreiche Mauerstrukturplatten. Wichtig ist es, die gebirgige Tunnelumgebung anzudeuten, damit das Bauwerk auch einen Sinn ergibt.

Dieser eingleisige Tunnel wird als realistischer Anlagenabschluss Richtung Schattenbahnhof genutzt, wobei die Tunnelröhre vorbildtypisch ausgekleidet und somit dunkel ist.

Zwar wirkt dieses Tunnel-Wirrwarr auf der H0-Schauanlage der Fürstenhagener Holle-Modellbahn nicht vorbildgerecht, doch macht es die Streckenführung durchaus reizvoll.

Wassergestaltung

101 Von der Pfütze bis zum Meer

Wasser kann auf der Modellbahn in unterschiedlichen Formen dargestellt werden: stehende Gewässer von der kleinen Pfütze über Teiche, Seen, Schwimmbecken bis hin zum angedeuteten Meer. Bei den fließenden Gewässern können Entwässerungsgräben, Bäche, Flüsse und Kanäle für Abwechslung in der Landschaft sorgen. Bei den einzelnen Arten gibt es noch dutzende Unterschiede je nach Region, Umgebung und auch Epoche, denn fast immer hat der Mensch an den Gewässern Kunstbauwerke errichtet, die es bei der Gestaltung einer Modelllandschaft zu berücksichtigen gilt.

Für alle Gewässer muss zunächst der Untergrund vorbereitet und der Gewässergrund gestaltet werden. Meist ist es dafür erforderlich, die Oberfläche nicht nur abzudichten, damit das Modellwasser bis zum Aushärten nicht ausläuft, oft muss das Baumaterial auch hitzebeständig und lösungsmittelresistent sein. Beides kann man durch einen Gipsüberzug und eine entsprechend mehrschichtige Lackierung erreichen. Diese Vorsichtsmaßnahme ist immer zu empfehlen, da man nie genau weiß, wie das gewählte Mittel reagiert. Sind der Untergrund sowie die Ufer mit Geröll, Steinen, Sand, Kies oder anderen Materialien nach Wunsch gestaltet, kann man das eigentliche Wasser nachbilden.

Durch geschickte Farbgestaltung täuscht das Wasserbecken im Schwimmbad Tiefe vor (recht Seite links).

Realistischer Wellengang und glaubhafte Gischt an den einzelnen Booten der Schiffsbrücke (rechte Seite rechts)

Das stille Brackwasser dieses Kanalhafens wurde mit einer dicken Lackschicht hergestellt.

Lackschicht, Harze oder Granulat

Erstes Auswahlkriterium sollte der Geruch sein, denn stark riechende Gießmassen sind für Wohnräume ungeeignet. Kann man sein Diorama im Hobbykeller bearbeiten und erst später in die Anlage einfügen, ist das immer der bessere Weg, da in der Werkstatt eine Verschmutzung des Fußbodens durch herabtropfendes Harz nicht so tragisch ist und die Wasseroberfläche bis zur vollständigen Aushärtung gut vor Staub geschützt werden kann. Am einfachsten zu verarbeiten sind bereits fertig abgefüllte Gießmassen, die einfach verteilt werden und an der Luft aushärten. Da man damit keine perfekten Ergebnisse erzielt, wird in den meisten Fällen noch eine farbliche Nachbehandlung des Modellwassers erforderlich sein.

Die entsprechenden Flüssigkeiten bzw. Granulate sind entweder sofort nutzbar, müssen mit einem Härter gemischt oder auf einer Herdplatte erwärmt werden. Gegossen wird mit einem der Wassermenge entsprechenden Behälter mit Ausgusstülle. Dabei ist auf jeden Fall die maximal mögliche Schichtdicke zu beachten, die von Hersteller zu Hersteller schwankt. Anschließend können mit verschiedenen Produkten noch bestimmte Effekte wie Wellen, Schaum, Gischt oder Wasserfälle modelliert werden.

Wer die Arbeit mit den Flüssigkeiten scheut, kann auch auf altbewährte Techniken zurückgreifen. So gelingen speziell Hafenbecken oder Schifffahrtskanäle, aber auch Meeresbrandungen gut mit Raufasertapete, die in verschiedenen Blau- und Grüntönen lackiert und anschließend mit klarem Bootslack beschichtet wird. Die Gischt an den Booten oder sich überschlagende Wellen am Strand können mit dünn aufgetragenem UHU-Alleskleber imitiert werden. Kleinere Wasserflächen lassen sich hingegen mit im Fachhandel erhältlichen See-Folien diverser Hersteller glaubwürdig gestalten.

Für die Gestaltung des Baches, des Wasserfalls und der kleinen Staustufe wurden Faller-Produkte genutzt und in eine alpine Landschaft eingebettet.

Abbildungsnachweise

Alle hier nicht aufgeführten Bilder stammen von den Autoren
Martin Menke und Peter Wieland

Bei den übrigen Bilder bedanken wir uns bei folgenden Fotoquellen:

Archivbilder der Modellbahnindustrie: 37, 61, 68, 82, 83, 91, 116, 117, 151
Albrecht, Jürgen: 18, 72
Hechler, Harald: 182
Helmich, Friedel: 129
Kratzsch-Leichsenring, Michael U.: 2, 80, 81, 88
Mühl, Claudia: 65, 114, 184, 185
Naumann, Karsten: 106, 107
Pernsteiner, Peter: 157
Scheihing, Manfred: 93, 118, 121, 126, 136, 137
Späing, Holger: 60
Wiesmüller, Benno: 21

Literaturverzeichnis

Archive von Michael U. Kratzsch-Leichsenring, Martin Menke, Armin Mühl, Peter Pernsteiner, Manfred Scheihing, Gunnar Selbmann, Holger Späing und Peter Wieland
Balcke, Gernot/Bügge, Günter: Modellbahn-Mini-Fakten, alba 1998
Becher, Udo: Als die Züge fahren lernten, alba 1979
Behrend/Hensel/Wiedau, EFA-Band 7: Güterwagen, alba 1989
Domke/Richter: Modelleisenbahnen der DDR, Battenberg 2002
G. Wagner, Botho: Die Geschichte der Modellbahn, GeraMond 2003
Hoße/Schäller/Schnitzer: Lexikon Modellbahn, transpress 1983
Krische, Hans-Joachim, Eisenbahn-Lexikon, transpress 1981
Machel, Wolf-Dietger: Enzyklopädie der Deutschen Schmalspurbahnen, GeraMond 2010
Maier/Heilmann/Block, EFA-Band 2: Diesellokomotiven, alba 1997
Reder, Gustav: Mit Uhrwerk, Dampf und Strom, alba 1988
Zinngrebe, Ralph/Zarges, Frank: Praxishandbuch Modellbahn, GeraMond 2015

Impressum

Verantwortlich: Lothar Reiserer/Alexander Mück
Satz: Susanne Prengel, Mülheim an der Ruhr
Korrektorat: Daniela Hansjakob
Einbandgestaltung: Ralph Hellberg
Herstellung: Anna Katavic/Alexander Knoll
Repro: Cromika/LUDWIG:media
Printed in Slovenia by Florjancic Tisk

Sind Sie mit diesem Titel zufrieden? Dann würden wir uns über Ihre Weiterempfehlung freuen.
Erzählen Sie es im Freundeskreis, berichten Sie Ihrem Buchhändler oder bewerten Sie bei Ihrem nächsten Onlinekauf. Und wenn Sie Kritik, Korrekturen oder Aktualisierungen haben, freuen wir uns über Ihre Nachricht an GeraMond Verlag, Postfach 40 02 09, D-80702 München oder per E-Mail an lektorat@verlagshaus.de.

Unser komplettes Programm finden Sie unter 

Die Deutsche Nationalbibliothek verzeichnet diese Publikation in der Deutschen Nationalbibliografie; detaillierte bibliografische Daten sind im Internet über http://dnb.d-nb.de abrufbar.

3. Auflage

ISBN 978-3-95613-064-9